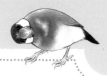

✦もっと知りたい✦

文鳥のすべて

幸せな飼い方・接し方がわかる本

汐崎 隼 監修・イラスト

はじめに

※本書は 2015 年発行の『もっと知りたい 文鳥のこと。HAPPY プンチョウ生活のすすめ』を元に加筆・修正を行っています。

文鳥は江戸時代から日本人に親しまれてきた鳥です。

しかし、日本国内では野外で文鳥を見かけることはありません。文鳥のふるさとはインドネシアで、日本にいる文鳥は輸入されたか、国内で飼い鳥として繁殖されたものなのです。

それにもかかわらず、これほど文鳥が身近な鳥として認識されているのは、日本人の感性に強く訴えかけてくるものがあるからでしょう。

それでは、文鳥の何がそこまで日本人を魅了するのでしょうか。

- ● 手乗りとして親しめるほどの人懐っこさ。
- ● どこか品格を感じさせるシンプルな容貌。
- ● どこまでも可愛らしく、心癒される歌声。
- ● ダンスを踊っているかのようなキュートな仕草。
- ● 人間の気持ちを理解して行動するする賢さ。
- ● 初心者でもヒナから育てられる飼いやすさ。

挙げれば、まだまだありそうです。古くから改良が重ねられてきた文鳥は、飼い鳥としての一つの完成形に達していると言ってもいいのかもしれません。

文鳥は比較的飼いやすい鳥といわれています。ところが、その性質はなかなか複雑で一筋縄ではいかないことは、既に飼育されている方

は、日々実感されていることでしょう。文鳥の性格は「気分屋さん」とか、「マイペース」とか、そんな言葉でよく表されます。そんな文鳥のキモチを深く理解するのは、決して容易なことではありません。そういう意味では、文鳥の飼育は難しい、という言い方もできるでしょう。

　本書の企画は、文鳥を飼われている人、そして、これから飼いたいと思っている人と、「文鳥はこんなキモチで暮らしている」ということを、分かち合いたいという思いから出発しました。実際、制作にあたっては、多くの愛鳥家の方々から、「こんなところが好き」「こんな要求をしてくる」「こんなときに困ってしまう」といったお話をお聞きして盛り込ませていただいたほか、愛鳥のお写真をお借りし、掲載させていただきました。この場をお借りして、厚く御礼を申し上げます。

　本書が、読者の皆様が文鳥のキモチを理解し、文鳥と一緒の幸せな暮らしを楽しまれるうえでの一助となりますことを祈っております。

contents

文鳥のいる生活

まったりと一緒に過ごすだけで幸せな気持ちに。
落ち込んでいるときに慰めてくれることも。

文鳥を飼うことになったきっかけは?

汐崎隼(漫画家)

幼い頃から「小鳥と友達になりたい」という憧れがあり、ノートに鳥の絵ばかり描いていた子どもでした。小学2年生のとき、親にねだって買ってもらったのが文鳥との出会いです。ところが、飼育の知識が不足していたため、その子はすぐに亡くなってしまいした。その後に飼った子は長生きしてくれて、文鳥との生活の楽しさを知りました。

オカメインコやセキセイインコも飼ったことがありますが、大人になって改めて鳥を飼いたいという気持ちになったときに選んだのは、文鳥でした。インコは社交的な性格で遊ぶのが楽しいのですが、文鳥は何というか、まったりと一緒に時間を過ごすだけで幸せな気持ちになれるんです。きっと相性が良かったということなのでしょう。

現在飼っているのは6歳の男の子で、「淡雪」という名前です。

どんなときに「可愛い!」と思いますか?

「淡雪くん ♂6歳」

「すべてにおいて可愛い」というのが、嘘偽りのない答えですが、それでは参考にならないと思いますので思いつくままに、可愛い仕草を紹介しましょう。私がどこかに行こうとすると、必死になって付いてくる姿を見ると胸がキュンとしますね。

ケージの中にいても、私から一番近い場所に移動してきますし、放鳥時に名前を呼ぶと、嬉しそうに飛んでくることもあります。

それから、私が元気がなさそうにしていると、体をピタッとくっ付けて慰めてくれます。淡雪なりに私の気持ちが分かっているのかもしれません。この子にとって私は「パートナー」なので、「守ってあげたい」という男らしい気持ちがあるのかもしれませんね。

まだ文鳥を飼ったことがない方にメッセージをお願いします。

文鳥は、飼いやすさを考えてもおすすめできる鳥です。広いスペースはいりませんし、エサ代は安くてお財布にも優しい。また外に散歩に連れて行く必要はなく、きちんと世話をすれば病気にもほとんどかかりません。おまけに、人間の生活パターンに合わせてくれるから、必要以上に気を遣うこともありません。基本的に文鳥もマイペースですから、お互いに自由に暮らしているという感覚ですね。

初めて飼ったら、「こんなに可愛いのか」と、きっと驚くと思いますよ。名前を呼んだらパタパタと飛んできたり、手のひらで居眠りしたり……、そんな姿をめでるのは至福の時間です。ぜひあなたも、文鳥がいる生活を楽しんでください!

「とっても甘えん坊なんだ……」

「ご飯だよ。集まれー！！」

「お風呂上りにパチリ！」

「元気いっぱいです」

「すました表情で何を考えているの？」

「とっても仲良しのふたりです」

第1章
文鳥のキモチを知ろう

chapter.1

01〜18

表情豊かな文鳥のキモチを理解しましょう。

どこまでも可愛らしい歌声

- 愛鳥家が文鳥の魅力として口をそろえるのが可愛らしい鳴き声。その歌声には人の心を癒すだけでなく色々な意味があります。

- 文鳥の鳴き声はバリエーションが非常に豊富。一緒に生活するうちに鳴き声から気持ちが分かるようになり飼育の楽しみが広がります。

「歌がとっても得意だよ」

CHECK!

「ピピピピ♪ ポポポポ♪」
あなただけに語りかけるかのような歌声には
きっと心癒されるはず。
生活に潤いをもたらす素敵な BGM です。

歌声の意味を知れば、より愛おしい存在に

自分だけに語りかけてくれる

　文鳥の大きな魅力が、どこまでも可愛らしいその歌声。手塩にかけて育てている文鳥が、自分だけに語りかけてくれるかのように歌うその姿を見ていると、何とも幸せな気分に浸れるものです。

　歌声のバリエーションは豊かで、聞き飽きません。「チッチッ！」「ピピピピ！」「ポポポポ！」……などなど、文鳥は気分や体調によって、さまざまな鳴き声を使い分けるのです。一緒に生活するうちに鳴き声を通して、「甘えている」「喜んでいる」「怒っている」といったメッセージを読み取れるようになるでしょう。そうなれば心が通じ合っていることが実感できて、より一層、愛おしい存在になるに違いありません。

　文鳥の鳴き声のボリュームはそれほど大きくなく、集合住宅でも気兼ねなく飼えると考えている方も多いようです。

「外に出たいときは鳴いて知らせるよ」

文鳥のここが可愛い！

　「チュンッ！」という鳴き声がとにかく可愛いです。その場を離れようとすると、まるで「どこに行くの？」と言わんばかりに、「チュンチュンチュンッ」と、早口で鳴くこともあります。気分が良いときは「チーヨ、チーヨ」と歌うなど、鳴き声が毎日の生活に潤いを与えてくれます。

「指の上に乗ると安心♪」

懐きやすく、人間の良きパートナーに

- コミュニケーションを大切にすれば、文鳥は飼い主をパートナーとして信頼するようになります。
- 世話をさぼったり、怖い思いをさせたりしたら、懐いてくれないことも。十分に愛情を注ぎましょう。

ぴったりとくっ付いていると安心するよ

CHECK!

たくさん可愛がってね。
たっぷりの愛情を返すから。
そうやって仲良くなって
いつまでも一緒に楽しく暮らしたいな。

飼い主の気持ちを理解する

一緒に遊ぶのは至福のひととき

　文鳥に愛情を注ぐと、飼い主のことをパートナーと認識して家族の一員のように懐いてくれます。鳥かごから出してあげると、嬉しそうに手や肩の上にとまったり、体をすり付けるようにして甘えてきたり。逃げるそぶりも見せない文鳥と戯れるひとときは、まさに至福のひとときです。

　文鳥は、ときに飼い主の気持ちをよく理解しているような行動を見せることがあります。「落ち込んでいるとき、文鳥がそっと寄り添って励ますようなしぐさをしてくれた」といった体験を話す愛好家は少なくありません。ただし、きちんと世話をしなかったり、恐怖心を与える行為を繰り返したりすると、なかなか人に馴れません。飼い主が注いだ愛情の分だけ、文鳥も応えてくれるということなのでしょう。

いつまでも仲良くしよう

文鳥のここが可愛い！

　普段はマイペースで、外に出してあげても自分勝手におもちゃに夢中になっていたりするのですが、寂しくなると自分から寄ってきて、首元にぴったりとくっ付いてきたりする仕草がとても愛らしいです。そんなときに外出しようとすると、必死に鳴きながら付いてくることもしばしばです。

「とっても甘えん坊なんだ」

喜怒哀楽のサインは多彩

- 文鳥は多彩な鳴き声や全身を使ったしぐさで感情を表します。個性があるのも面白いところです。
- 文鳥の気持ちが伝わってきたら、リアクションをしてあげましょう。

何を考えていると思う？

CHECk!

喜んだり、怒ったり、寂しがったり。
文鳥が発するサインの意味を知れば
まるで会話を交わしているかのような
一体感に包まれるでしょう。

鳴き声やしぐさから気持ちを読み取る

感情表現が分かりやすい

　文鳥は言葉を発しませんし、顔の表情から気持ちを読み取ることもできません。それでも、多彩な鳴き声や全身を使ったしぐさから、「楽しい」「嬉しい」「怖い」「寂しい」「怒っている」といった気持ちが伝わってきます。

　ケージから出してあげたら、ピョコピョコと嬉しそうにジャンプしながら近寄ってきたり、寂しいときにこちらの気を引きたいのか、「ポピポピ♪」と可愛らしく歌ったり。喜怒哀楽のサインは分かりやすく、とても微笑ましく感じられるでしょう。

　個性があるのも文鳥の面白いところで、気持ちの表し方は一様ではありません。文鳥の気持ちが伝わったら、こちらもリアクションをしてあげましょう。そうするうちに心が通じ合い、文鳥との生活はいっそう楽しいものになるに違いありません。

「考え事をしているんだ」

文鳥のここが可愛い！

　甘えたいときは「キューキュー」とか細く歌い、怒ったときは「キャルルルル……」と鳴きながら蛇のように体をくねらせます。喜怒哀楽がよく表れていて文鳥の言葉が分かるようになった気がします。文鳥がやって来てから家が賑やかになりました。

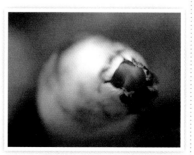

「気持ちが通じ合うと嬉しいな」

キュートなポーズで
周囲を魅了

- 文鳥のポーズは実に表情豊か。一つひとつの動きにたまらない愛らしさを感じさせられます。
- 安心して遊べる環境があってこそ、文鳥はさまざまなポーズを見せてくれるもの。信頼関係を築くことを大切にしましょう。

こんなポーズもできるよ！

CHECk!

まるでダンスをしているかのような
表情豊かな文鳥の動きは実にキュート。
あなたの文鳥はどんなポーズを
見せてくれるでしょうか。

表情豊かで多彩なポーズが大きな魅力

まるで踊っているかのような姿

スズメやツバメ、メジロなど、身近に野鳥はたくさんいますが、その姿を間近で観察する機会は滅多にないものです。ましてや、手のひらの上に乗せてしげしげと眺められるのは、文鳥を飼っている人の特権といってもいいでしょう。

文鳥の姿をじっくりと観察すると、どのポーズにも意味がある、そんな気にさせられるものです。首をかしげたり、飛び跳ねたり、体をよじったり、かがんだり、伸びをしたり、踊っているかのようにクルクルと回って見せた

りと、いつまでも見飽きないと愛鳥家が口をそろえるのも納得です。

文鳥が多彩なポーズを見せてくれるのは、安心して遊べる環境があってこそ。飼い主との信頼関係の表れでもあるのです。

「スサーのポーズだよ」

文鳥のここが可愛い！

機嫌が良いとき、目をぱっちり開いて、まるで独り言をつぶやくように「キョッキョッ♪」と鳴きながら、弾むステップで飼い主の周りを散歩します。ときには、気まぐれに顔のほくろを突っついたりの痛いいたずらもしますが、それがまた可愛いのです。

「引っくり返ってみました」

chapter.1
05

手のひらの中で、いつの間にかウトウト…

- 文鳥は飼い主にくっ付くのが好き。手や肩、腕など、どこにでもとまります。
- 信頼関係が深まってくれば、手のひらに包まれることに安心感を覚えます。

ここにいるのが
一番安心するんだ

CHECK!

手のひらの中にぬくもりを感じながら
うっとりとくつろぐ文鳥の姿を見ていると
あなた自身も温かい気持ちになるでしょう。

文鳥のぬくもりに癒される

寄り添ってくる姿が愛おしい

文鳥が甘えたがっているときに飼い主にくっ付いてくるのは、何とも愛おしいものです。止まり木にとまるように、手や肩、腕などにとまって満足そうな表情を見せてくれます。

特によく懐いている文鳥は、手のひらにくるまれるのも好きなようです。手のひらをこじ開けるように入ってきて、体をすり付けてうっとりすることも。そんなひとときは文鳥にとっても至福でしょうが、可愛らしい姿を間近に見られるのは、飼い主としてもこの上ない喜びです。

文鳥が心からリラックスして飼い主に寄り添う姿を見ていると、「人間と鳥はここまで仲良くなれるのか」と、感動すら覚えるもの。気付かぬうちに、きっとあなた自身が文鳥のぬくもりに癒されていることでしょう。

手のひらでうっとり…

文鳥のここが可愛い！

留守にしている間は寂しいからか、帰宅後は特にくっ付きたがります。肩にとまって首のあたりに体をすり付けてきたり、手のひらの中に入り込もうとしたり。しばらくくっ付いていると満足するのか、その後は部屋の中を飛び回って遊び始めます。

「手のひらで毛づくろいをするのが好き」

気が強く、意外と ケンカ早い一面も…

- 基本的に臆病ですが、気が強く、相性が合わない相手を攻撃 することもあります。
- オス同士のケンカは激しいため、ひどいようならケージを別々に するなどの対処が必要になります。

時々、ケンカ しちゃうことも

CHECK!

実は気が強く、自己主張が強い性格。
いつもはベタベタと甘えてくるのに
突然、手のひらを返したように
突いてきたりして驚かせることも。

機嫌が悪いと、飼い主も標的に

オス同士のケンカは特に激しい

　可愛らしいたたずまいからは想像しづらいですが、文鳥はケンカ早い一面があります。基本的に怖がりですが、一方で気が強く、相性が合わない相手には攻撃的な態度を見せます。

　複数の文鳥を一緒に飼うと、「クルルー！」と威嚇したり、クチバシで突いたり、特にオス同士のバトルはなかなか激しく、ハラハラしてしまいます。それが広いスペースなら弱いほうが逃げてしまうので大して問題はありませんが、ケージの中ならケガをする危険がありますし、強いほうが

エサを独占することもあるので、しばらくケージを別々にするなどの対処が必要になります。

　いつもはデレデレと甘えてきますが、機嫌が悪いと、飼い主を攻撃することも。そんなギャップがまた可愛い！という愛好家も少なくないようですが……。

「いま怒っているよー！」

文鳥のここが可愛い！

　手のひらで安心し切って眠っている姿を見ていると、飼うことにして本当に良かったなぁと、つくづく感じさせられるものです。ところが、急に目を開いたかと思ったら、なぜか怒って手を噛み始める！そんな「ツンデレ」なところもまた、文鳥の魅力の一つです。

「まったりとお休み中」

成長するにつれて、どんどん賢くなる

- 文鳥は成長するにつれて賢くなり、4歳くらいになると、生活パターンなどを理解するようになります。

- 愛情を込めたコミュニケーションの積み重ねにより、飼い主の気持ちが伝わるようになります。

いろんなことを教えてね

CHECk!

生活経験やコミュニケーションを通して
どんどん賢くなります。
言葉は理解しませんが
飼い主の気持ちも伝わるようになるでしょう。

生活経験から多くのことを学ぶ

言葉は理解しないが、気持ちは通じる

　初めて文鳥を飼う人は、「こんなに賢かったのか……」と驚くに違いありません。特に4歳くらいになると、飼い主の帰宅を足音で聞き分けたり、生活リズムに合わせて行動し、就寝時間が近づくと寝る体勢で待っていたり、生活経験から多くのことを理解します。文鳥を見つめたら、じっと見つめ返してくれたりと、飼い主とコミュニケーションを取ろうとしているようにも見えます。

　もちろん、賢さには個体差もありますが、それよりも重要なのは、日頃から愛情を持って接しているかどうかです。例えば、普段から目を見つめながら話しかけるようにす

れば、言葉は理解できなくても、「何かを伝えようとしている」ということには気付いてくれるでしょう。そうしたコミュニケーションの積み重ねが、文鳥を賢くしていくのです。

「何か発見！」

文鳥のここが可愛い！

　要求に応えてあげると嬉しそうにするなど、気持ちをやりとりしているという実感があります。初めは「飼っている」だった意識が、しだいに「一緒に生活している」に変わってきました。こちらの気持ちが伝わっているような気がするのは大きな喜びです。

「気持ちが通じ合うといいな」

室内を飛び回るのが
とっても大好き

- 毎日放鳥をしていると、ケージの外に出るのを楽しみにするようになります。

- 健康維持やストレス解消のためにも、できれば毎日元気に遊ばせましょう。

思い切り飛び回りたい！

CHECK!

文鳥が自由に室内を
飛び回っているのを見守る。
「文鳥を飼っているんだ」
その喜びを実感できるひとときです。

毎日規則正しく放鳥を

健康維持やストレス解消にも

毎日規則正しく放鳥をしていると、時間が近づいてくると「出してほしいな」とでも言いたげな表情で待つ姿が見られるようになります。もともと自然の中を飛び回っていた文鳥は、ケージの外に出て室内を飛び回るのが大好き。できれば毎日放鳥して元気に遊ばせてあげましょう。それが健康維持やストレス解消にもつながります。

ここがボクの運動場！

自然下では、文鳥は日の出とともに起き、日没とともに寝ますので、夕方以降はあまり遊ばせないのが理想的ですが、実際にはなかなか難しいでしょう。文鳥は順応性が高く賢い鳥です。仕事などが終わって夜間に帰宅して、放鳥するという生活でも、時間を決めて一定のリズムができれば問題ないでしょう。

文鳥のここが可愛い！

ケージから出すと最初は嬉しそうにくっ付いてきますが、ひとしきり甘えた後は、書類ケースの狭いスペースに入り込みます。そこがお気に入りの場所ですが、私が部屋から出ようとすると、「行かないで！」とでも言いたげに慌てて飛び出してきます。

「狭い場所が落ち着くんだ」

とても怖がり。
びっくりさせないで

- 飼い始めの時期に、驚かせたり怖い思いをさせたりすると、なかなか懐いてくれないことがあります。
- 音には敏感ですので、ドアの開閉で大きな音を立てたり、大声を出したりしないように注意しましょう。

あまり驚かせないでね

CHECK!

警戒心が強く、繊細な神経の持ち主です。
驚かせたり、怖がらせたりすると
長く引きずってしまうことも。

自然下では常に気を張っている

嫌な思いをした体験を引きずることも

　文鳥は一度信頼した相手にはとことん気を許しますが、本来は警戒心が強く、繊細な神経を持ち合わせている鳥です。飼い始めの時期に驚かせたり怖い思いをしたりすると、なかなか懐いてくれなくなることがあります。生活環境にはしだいに慣れますが、怖い記憶はなかなか消えず、ちょっとしたことに過剰反応したり、臆病な性格になることがあります。

　特に音には敏感で、飼い主がそっと部屋から出ようとしても、小さな足音で気付かれてしまうほどです。自然の中で天敵につかまらないように常に気を張っている習性が強く残っているのでしょう。ドアの開閉で大きな音を立てたり、物を床に落としたり、突然、大声を出したりしたら、パニックになってしまうことがありますので注意してください。

「怖い思いをしたら隠れちゃうよ」

文鳥のここが可愛い！

　小さな物音に反応し、キョロキョロと音がした方向を探る仕草は小動物特有の可愛らしさがあります。なるべく大きな音は出さないようにしていますが、やむをえないときは、あらかじめ声をかけて注意を引いておくと、あまり驚かないようです。

「あっちで音がしたぞ！」

chapter.1 10 好奇心いっぱいで、 いつもキョロキョロ

- 文鳥は好奇心が強く、見慣れないものがあると、恐る恐る近づいて何であるかを確かめようとします。
- 人によく懐いた文鳥は、見知らぬ人も怖がらず、近づくようになります。

これは
何だろう？？

CHECk!

好奇心旺盛に、いつも辺りを見回しています。
初めて見るものを遠巻きに観察したり
恐る恐る突いてみたりして
しだいに世界が広がっていきます。

見慣れないものに興味を持つ

鏡が大好きな文鳥も多い

　文鳥はとても好奇心が旺盛。見慣れないものがあると、恐る恐る近づいて、少し離れた場所から観察したり、周囲を歩き回ったり、突いてみたり。思わぬものが、お気に入りのおもちゃになることもよくあります。

　鏡を気に入って遊ぶ文鳥も少なくありません。最初は怖がることもありますが、慣れてくると、長々と鏡に映った自分の姿を見つめたり、話しかけたりする姿は、何とも微笑ましく、それを眺めているだけでも楽しいものです。

人が
大好きなんだ

　来客などで見知らぬ人が訪れると、怖がらずに手や肩にとまるようなこともあります。「自分以外の手にとまるなんて」と、ちょっとジェラシーを感じるところですが、これは文鳥が人によく懐いているからこそ。あなたと深い信頼関係を築けたために、人に対する好奇心が強まったのでしょう。

文鳥のここが可愛い！

　放鳥時にはあちこち探索し、キョロキョロして心地良さそうな場所を探しています。最初は初めて見るものを怖がりますが、しだいに気に入って手放さなくなることがよくあります。そうやって室内での遊びの幅がどんどん広がっています。

「これがお気に入り！」

名前を呼んだら振り向いてくれる

- 文鳥は自分の名前を覚えます。名前を呼んだときに振り向いてくれるのは飼い主として大きな喜びです。

- 名前を認識するわけではありませんが、何度も呼ぶうちに、自分が話しかけられていることが分かってきます。

呼んだ？

CHECk!

名前を呼んだら振り向いて
つぶらな瞳でこっちをじっと見つめてくれます。
文鳥を飼っていることの喜びを
分かりやすく実感できる瞬間です。

何度も名前を呼ぶうちに覚えてくれる

パートナーとして信頼されている証

　名前を呼んだら振り向いてくれる。これは、ペットを飼う人にとって最上の喜びの一つといえるのではないでしょうか。もちろん、どんなペットでも一緒に暮らすにうちに愛着は深まりますが、名前を呼んだときにリアクションがあると、気持ちが通じ合っていることを強く実感できるものです。

　飼い主に馴れると、放鳥時に名前を呼んだら飛んできて手や肩にとまってくれるようになります。パートナーとして信頼されている証といえます。

　もっとも、文鳥は言葉を解しませんから、自分の名前を認識しているわけではありません。何度も呼ぶうちに、「これは自分に話しかけているんだな」と学習し理解するようです。それでも、呼びかけに反応するのは、毎日、愛情をたっぷり込めて話しかけてあげるからに他なりません。

「お話ししようよ！」

文鳥のここが可愛い！

　最初は名前を呼んでも無反応でしたが、飼い始めて数カ月後から徐々に自分が呼ばれていることを気付いている素振りを見せるようになりました。今では名前を呼んだら振り向いて近寄ってきてくれますが、時々、分かっているのに無視をされることも……。

「たくさん名前を呼んでね！」

いつも居心地の
良い場所にいたい！

- 文鳥は感受性が強く、繊細な性格ですから、居心地の良い環境づくりを心がけましょう。
- ケージ内の環境や飼育場所などに注意し、ストレスを与えないようにしてください。

いつもキレイにしてくれて
ありがとう！

CHECK!

飼育環境が悪いとストレスがたまり
活発に動かなくなることも……。
清潔で静かな環境を整えてあげましょう。

環境によって体調や気分が変わる

ストレスを与えないように

　これは人間と同じですが、文鳥は居心地の良い場所で過ごすことを好みます。落ち着ける場所にいる文鳥は元気に羽ばたき、楽しそうにさえずっては水浴びをします。逆に、不快な環境に置くと、ストレスをため、イライラした様子を見せ、はつらつさもなくします。感受性が強く、神経が細かいため、飼育環境に体調や気分が左右されやすいのです。

　ですから、ケージの中が汚れたときは、こまめに掃除をして清潔な環境を保ちましょう。またケージは、風通しが良く、昼間は明るい場所に置くようにしてください。静かな場所を好みますから、テレビやオーディオ機器の近く、また振動が伝わりやすい床の上などは避けましょう。文鳥をよく観察して、喜ぶことや嫌うことを見極めて、過ごしやすい環境を作ってあげてください。

「この場所が一番心地良いな……」

文鳥のここが可愛い！

　朝から「チュンチュンッ！」という可愛い声を聞きたくて、日々、飼育環境には気を遣っています。特に、文鳥はキレイ好きなのでこまめな掃除を心がけています。掃除をしてキレイになった後は、心なしか、鳴き声が元気になるような気がします。

「巣の中に入ると落ち着くよ」

chapter.1
13 縄張り意識がとっても強い

- 文鳥は縄張り意識が強く、一定の距離を保つことを好みます。1羽につきケージ一つが基本です。
- ペアになった文鳥はとても仲が良く、一緒に生活するようになります。

パーソナルスペースが大事！

CHECk!

必要以上に近づかれるのを好みません。
でも、パートナーは別。
親しみを感じた相手に対しては
警戒心を解いて付き合ってくれます。

一つのケージに1羽が基本

縄張り意識が強い鳥

　文鳥は、野生では群れて暮らしていますが、ベッタリと密着しているわけではなく、一定の距離を置いて過ごしています。縄張り意識が強く、自分のスペースに入られることを好まないのです。

　ですから、複数の文鳥を飼うときの基本は、一つのケージに1羽です。ただ、オスとメスがお互いをパートナーと認め、ペアとなって一緒に行動するようになったら、同じケージに入れても問題はありません。ただし、オスとメスは必ずペアになるというわけではありません。これは人間の恋愛感情と一緒で相性の善し悪しがあり、パートナー選びは容易にはいきません。

　文鳥飼育は、飼い主自身がパートナーとして認めてもえるところから始まるといえます。顔を合わすたびに声がけをしてあげるといいでしょう。

「今、話し合っているんだ」

文鳥のここが可愛い！

　文鳥は、愛情表現がとても上手です。ベッタリと甘えたかと思えば、ちょっと突き放すかのようにすましてみたり、本当に気まぐれです。何だか飼い主の自分が文鳥の駆け引きに振り回されて、いつも気持ちを追いかけているような気がします。

「気まぐれなところも可愛いでしょ！」

追いかけられるのは苦手！

- 自然下では天敵に狙われることを常に警戒しているため、飼っている文鳥も追いかけられることを嫌います。
- 馴れてからも、突然追いかけたりせず、目線を合わせて近づくようにしましょう。

優しく近づいてね

CHECk!

大好きな飼い主と分かっていても
追いかけたら逃げてしまいたくなる。
そんな習性を理解して
優しく語りかけながら近づきましょう。

追われるのは大きな恐怖

目線を合わせて近づいて

　文鳥にとって最大の恐怖は、自分を捕食しようとする天敵に狙われること。飼っていると気ままに生きているように見えますが、自然下ではとても弱い存在で、常に危険を感じていますから警戒心を解くことはありません。

　そんな習性があるため、安全な環境で飼っている文鳥も、追いかけられることを嫌います。とりわけ飼い始めの時期に追いかけると、飼い主が「怖い存在」とインプットされてしまいかねません。また十分に馴れたと思っても、唐突につかまえようとしたら、びっくりしますので気を付けてください。

　文鳥に近づくときは、なるべく同じか、やや下の目線を心がけましょう。放鳥後、ケージに戻ってくれないときは、エサでおびき寄せたり、就寝時間が近い夜であれば、消灯して素早く捕まえてあげるようにします。

「追いかけたら逃げちゃうよ」

文鳥のここが可愛い！

　狭い部屋の中をすばしっこく飛び回るため、飼い始めの時期は、なかなかケージに戻ってくれずに鬼ごっこのようになることも。しばらく飼ううちに息が合うようになり、放鳥が終わる時間が近づいて声をかけると、言うことを聞いてくれるようになりました。

「エサをくれたら近づくよ」

15 ヤキモチ焼きな一面も

- 飼い主への愛情の深さがヤキモチとして表れることも。特にオスにその傾向が強く見られます。
- ライバル視された相手は、威嚇されたり、攻撃されてしまうこともあります。

独占したいんだ

CHECk!

「恋のライバル」が現れたら
激しく攻撃することもあります。
飼い主としては嬉しい半面
ちょっとだけ困ってしまうかも……。

ライバル視した相手には攻撃的

人間のような複雑な恋愛感情

　文鳥の飼い主に対する愛情の深さが、ヤキモチとなって表れることがあります。たとえば、飼い主が恋人を家に連れてきて仲良さそうにしていると、ケージの中から怒って威嚇することがあります。この状態でケージから出すと、その恋人に飛びかかって、噛み付いたり、突いたりして攻撃することも。オスはその傾向が強く、ライバル視した相手には攻撃的に接します。

　ときには飼い主夫婦のどちらか一方をパートナーと認識した場合、もう一方をライバルと捉えることもあるようです。徐々に慣れていくケースも多いようですが……。人間のような複雑な心理にはなかなか驚かされます。飼い主にとっては愛情の深さを感じられる場面といえるもしれませんが、あまりの嫉妬心の強さに少々困ってしまうかもしれません。

「パートナーに対する愛情は誰にも負けないよ」

文鳥のここが可愛い！

　文鳥を飼い始めて、初めて友人を家に連れてきたとき、ケージの中から、それまで聞いたことがないような怒った鳴き声がしてびっくり。そんなところも、自分への愛情の表れと思うと、可愛くてたまらなかったです。その後、友人は攻撃されていましたが……。

「ケージの中から怒っちゃう！」

43

16 叱られたら落ち込んじゃう

- 文鳥を叱ってしつけることはできません。怒鳴ったり叩いたりしたら「攻撃された」と受け止めてしまいます。
- 突いたり噛まれたりしたときも怒ったりせず、スキンシップと受け止めましょう。

ありのままを
受け入れてね

CHECK!

叱られたら「攻撃された」と感じちゃう。
いたずらしても、困らせても、怒らないで。
マイペースな生き方を受け入れましょう。

怒鳴ったり、叩いたりするのはNG

叱ってしつけることはできない

　文鳥は賢い鳥ですので、飼い主の話が通じているように感じられることがあります。しかし、「早くケージに戻って」「エサをまき散らさないで」と言い聞かせたところで、人間に都合よく行動してくれるわけではありません。

　それを理解しないで、文鳥を叱ってしまってはいけません。何とかしつけようとして怒鳴ったりすれば、文鳥は「攻撃された」としか受け止めません。そうなれば、せっかく飼い主を信頼してくれた文鳥の気持ちは離れてしまいます。

　文鳥と遊んでいるときに、突然、突いたり噛んだりされると、けっこう痛いものです。そんなときも怒って叱ることはせず、それもスキンシップの一つと受け入れてあげる包容力が必要です。

「こんな怖い顔もするよ！」

文鳥のここが可愛い！

　手のひらの中で甘えていたのに、突如、激しく噛まれたりすることがありますが、以前、大声を上げて驚かせてしまったことがあるので、じっとこらえるようにしています。確かに突かれれば痛いのですが、何食わぬ顔で遊ぶ姿を見ると、痛みも和らぎますよ。

「ときどき、突きたくなるんだ」

chapter.1

17 人間顔負けの恋愛上手

●オスは歌やダンスでメスの気を引きます。メスは、オスを攻撃するなど試してから、受け入れるかを判断します。

●ペアになると常に一緒に行動し、飼い主として嫉妬してしまうほどの仲の良い姿が見られます。

とっても仲良し

CHECK!

恋愛となると、メスのほうが上手。
オスの歌やダンス、性格をチェックして
受け入れるかどうかを決めます。

微笑ましい文鳥の恋愛模様

わざと攻撃して性格をチェック

文鳥の恋愛模様は、とても見応えがあります。気になるメスがいると、普段は攻撃的なオスが歌やダンスで気を引こうとします。メスは「付き合ってもいいかも……」と好意を抱いても、すぐには心を許しません。不意に突くなどしてオスの反応を見定めるのです。一緒に暮らしていけるかどうか、性格を確認しているのでしょう。ここでオスが反撃しなければ、多くの場合、ペアとなります。

ペアになりたての時期は、お互いに緊張している様子が見て取れます。ときにはケンカもしますので、一時的に離すためのケージを用意しておくといいでしょう。すっかり仲良くなると常に行動をともにして、放鳥時も一緒に遊びます。飼い主としては、ちょっと嫉妬してしまうほどのアツアツぶりです。

パートナーにはとことん愛情を注ぐよ

文鳥のここが可愛い！

1羽で飼っているため、文鳥は飼い主の自分に恋をしてくれているようです。帰宅時には嬉しそうに可愛い歌で迎えてくれて、放鳥時にはいつもべったり。私も外出時には、いつの間にか文鳥のことを考えています。まさに相思相愛です。

「早く一緒に遊ぼうよ！」

記憶力はなかなかのもの

- 文鳥は学習しながら成長します。飼い主との思い出が積み重なって信頼関係は深まっていきます。
- 嫌な思いをした体験の記憶も根強く残ります。できるだけプラスの感情を持てるような体験をさせてあげましょう。

思い出をたくさん
作ろうね!

CHECK!

成長するにつれて少しずつ学習して
環境に慣れていきます。
のびのびと暮らせるように
楽しい記憶を増やしてあげましょう。

🐦 楽しい思い出を共有しよう

怖い思いをした記憶も根強く残る

　一緒に暮らしていると、文鳥がいろいろと学習することに気付きます。これは文鳥に記憶力があるということです。たとえば、室内のどこに何があるかを覚えますし、飼い主が長期に留守にしたときは再会を喜んでくれたりもします。

　逆に、嫌な体験の記憶も根強く残ります。たとえば、怖い思いをさせられた人には近づこうとしませんし、爪を切るときに怖い思いをしたら爪切りを見るだけで逃げてしまいます。飼い主として、極力、文鳥がプラスの感情を持てるような体験をさせてあげるように心がけたいものです。

　文鳥が記憶するということは、飼い主との思い出が蓄積するということに他なりません。長い年月をともに過ごして楽しい思いを共有するにつれて、信頼関係がどんどん深まっていく。飼い主として、これを上回る喜びはありません。

「楽しい体験をしたいな」

文鳥のここが可愛い！

　今はすっかり仲良くなりましたが、思い返せば、飼い始めはケージの中でオドオドしていました。放鳥のときもなかなか元気に飛んでくれずに心配したものです。ちょっとずつ環境や人に慣れて、生き生きと過ごしてくれるようになり、飼い主として嬉しい限りです。

「いろんなことを覚えるよ」

「ここから出してくれー！」

「ここがお気に入りの場所」

「眼光鋭く見つめる先には……」

「トサカみたいでしょう」

第2章
文鳥との暮らしを楽しもう

chapter.2

19～35

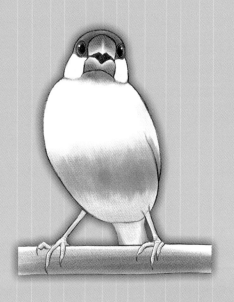

文鳥の基本的な世話について、
知識を深めましょう。

迎える前に
文鳥のことを知ろう

- 文鳥は意外と長生き。最後まで面倒を見られるかをよく考えましょう。
- 文鳥の生態や気持ち、必要な世話などについて、あらかじめ調べておきましょう。

最後まで面倒を見るという覚悟を

ペットショップなどで目にした文鳥があまりに可愛いからといって、衝動買いをするのはやめましょう。文鳥の生態や世話について、ある程度、理解してから飼うことを決めないと、「こんなはずじゃなかった……」と後悔することになりかねません。

文鳥は10年近く生きることが珍しくなく、寿命は犬や猫などとあまり変わらないと考えていいでしょう。人を見分けることができる文鳥にとっての幸せは、最後まで「あなた」と一緒に生活をすることです。自分の生活環境が変化しても飼い続けられるかを十分に検討しましょう。

一緒に暮らすうちに愛情が深まる

文鳥には感情がありますから、毎日きちんと世話をして愛情を示すことも大切です。最初は嬉しさもあって一緒に遊んでいたのが、段々面倒になってケージに入れっ放し……となってしまっては、信頼関係を築けず、人嫌いの文鳥になってしまうかもしれません。

もっとも、文鳥を飼う人に話を聞く

「たくさん話しかけてね!」

と、一緒に生活するうちにその可愛らしさに魅せられ、どんどん愛情が深まっていったというケースがほとんど。家族のように愛せるという気持ちがあり、生活環境が許すのであれば、あまり気負わずに迎え入れてあげてはいかがでしょうか。

文鳥を迎え入れる前に

● 最後まで家族のように可愛がるという心構えを持ちましょう。

● 文鳥の生態や気持ちについて学びましょう。

● 毎日の世話について調べましょう。

● 必要な道具やケージを置くスペースを確認しましょう。

● 文鳥に詳しい動物病院や留守時に預けられるペットホテルを調べましょう。

「一緒にいられる時間が一番好き」

必要なグッズをそろえよう

- ●ケージは文鳥にとっての住居。気持ち良く過ごせることを最優先して選びましょう。
- ●必要なグッズは、ケージやエサ入れ、水入れ、菜差し、水浴び器など。材質や形状をよく検討しましょう。

金属ケージと竹カゴが人気

「住みやすい場所だと元気が出るよ！」

文鳥が気持ち良く生活できることを最優先して備品をそろえましょう。

ケージは、金属製が一般的です。最近は色や形状がおしゃれなものが増えており、インテリアにこだわりたい人には嬉しい限りです。ただし形状によっては、世話がしづらいこともありますので、利便性も考え合わせて選ぶようにしましょう。日本古来の竹カゴも趣きがあり、好んで使用する愛鳥家が少なくありません。機能性にも優れていますが、少し高価なものが多いのが難点です。

ケージの床には、新聞紙などの床材を敷きます。また止まり木は、文鳥が羽を伸ばせるスペースを十分に確保するようにセッティングしてください。

プラスチック製が衛生的で扱いやすい

他に必要な備品には、エサ入れ、水入れ、菜差し、水浴び器などがあります。こうした備品はプラスチック製が掃除をしやすく衛生的に優

れています。

　この他、ブランコなどを設置すると喜ぶほか、温度・湿度管理のための温湿度計、ペットヒーター、キャリーケースなども、あると便利な道具です。

　文鳥は極端に大きくなる鳥ではありませんから、備品類は一度そろえると、買い換える機会はそう多くありません。それだけに長く使用することを考えて吟味するようにしてください。ショップのスタッフに相談してもいいでしょう。

 ## 住みやすさ重視で備品を選ぼう

ケージ

幅35センチ、奥行き25センチ、高さ35センチ以上あると快適に過ごせます。ケージの中で飛べるくらいの広さがあるのが理想です。

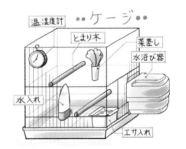

エサ入れ、水入れ、菜差し、水浴び器

プラスチック、木、せとものなど、いろいろな材質があります。好みで選んで構いませんが、使い勝手がいいのは軽くて洗いやすいプラスチック製です。

止まり木

プラスチック製と木製が多いのですが、冬場を考えると冷たくなりづらい木製が優れているのかもしれません。設置時は、羽を伸ばせるスペースを確保してください。

chapter.2
21　毎日のお世話は意外とカンタン?

- 毎日の世話は難しくありません。エサと水の取り替えや水浴びの準備をする程度です。
- 文鳥の体調管理は大切ですが、元来丈夫な体質ですから、過度に神経質になる必要はありません。

 毎日の世話にかかる負担は小さい

　これまで鳥を飼ったことがない人は、文鳥の世話がイメージしづらいかもしれませんが、決して難しいことはありません。基本的には、毎日、エサと水を取り替え、水浴びの準備をするだけです。毎日床の掃除をする人もいますが、「汚れが目立ったら」という頻度でも大きな問題はありません。さらに、できれば決まった時間に放鳥をして自由に遊ばせるのが望ましいのですが、これは世話というよりは、文鳥とコミュニケーションを楽しむひとときとなるでしょう。

 丈夫な体質で日本の気候にも順応

　文鳥は元来、丈夫な体質で、環境への適応力もあります。インドネシア原産ですが、現在流通している品種の大半は日本で生まれ育っていますから四季の気温の変化にも対応し、健康な成鳥なら冬場にヒーターを使用する必要もありません。加えて、エサ代も月に数百円で済みますから、最初に飼育用品をそろえてしまえば、金銭的に大きな負担もかからないでしょう。

「見た目よりも丈夫な体なんだ」

繁殖をさせたり、ヒナを育てるとなると、難しい面もありますが、成鳥を飼うのであれば意外と簡単なことも文鳥の大きな魅力といえるでしょう。

毎日の世話はこれでOK

エサの取り替え	基本は主食となる配合飼料を入れるだけです。バランスを考えて副食も与えましょう。
水の取り替え	水入れに多く残っていても、毎日取り替えてあげましょう。
水浴びの準備	文鳥は水浴びが大好きですから、毎日準備してあげましょう。
床の掃除	毎日掃除するのが理想ですが、糞などの汚れの状況を見ながら判断して構いません。
放鳥	ケージから出して遊ばせてあげると、文鳥は大変喜びます。信頼関係を深めるためにも、できれば同じ時間に放鳥してあげましょう。

「直接エサをもらうのも大好き!」

1年周期で体調が変わる

- ●文鳥は1年周期で体調が変化します。時期に応じて接し方を変えましょう。
- ●5月頃から約1カ月間、換羽期に入り、その後は長い繁殖期が始まります。

換羽期は神経質になることも

文鳥は1年周期で体調が変化することを知っておきましょう。時期によって適切な接し方は変わります。

文鳥は1年に1回、全身の羽が少しずつ入れ替わります。この時期を換羽期といい、だいたい5月から6月くらいに訪れます。換羽期には食欲が低

「春になると羽が入れ替わるよ」

下したり、ナーバスになったりすることがありますので、体調をよく観察してください。飼い主が触ったときに嫌がる素振りを見せたらスキンシップは控えめにするなどして、あまりストレスを与えないようにしましょう。

繁殖期は発情によって行動が変化

夏の間は比較的のんびりと過ごしますが、9月頃からオス・メスともに繁殖期に入ります。この時期は気が荒くなったり落ち着かなかったりする様子が見られ、特にオスは攻撃的になることがあります。

複数の文鳥を飼っている場合は、他の文鳥を追い立てたり、ケンカをしたりしやすくなるほか、ときには飼い主のことを強く噛んだりもします。

繁殖期は5月頃までと長く、それが終わると再び換羽期に入ります。

時期によって接し方を変えよう

換羽期

- 3月から6月くらいまでの間、特に5月頃に換羽期に入る文鳥が多くなります。一度にどっさり抜けるのではなく、飛行に支障がない程度に少しずつ入れ替わります。換羽をスムーズにするために、ビタミンやカルシウムなどの栄養素をバランスよく与えるようにしましょう。

繁殖期

- 繁殖期には、毛布やクッションの下に潜り込んだり、タンスの上にティッシュなどを運んで巣づくりをしたりといった行動も見られます。

「繁殖期には巣を作るよ」

- メスは1匹で飼っていても、発情すると無精卵を産むことがあります。産卵は体に大きな負担がかかり、卵詰まりを起こす恐れもありますので、できるだけ産ませないようにしましょう。そのために、ケージの中に巣を入れない、手のひらで包まない、といった方法で発情を抑えるようにします。

「気が立っても許してね」

23 暑い夏を元気に過ごすために

- ●文鳥は暑さには強いですが、強い直射日光に当てたり、室温が上がり過ぎたりすると体調を崩します。
- ●外出するときも、できれば冷房は付けっ放しにしてあげると安心です。水の管理にも気を配ってください。

 ## 直射日光や室温の上がり過ぎに注意

「夏は大好きな季節なんだ」

文鳥は熱帯のインドネシア原産ですから、基本的に暑さには強く、夏は落ち着いて暮らせるシーズンです。活発に動き回る姿が見られるでしょう。

それでも、窓際などで長い時間、強い直射日光が当たったり、気密性の高い部屋で冷房を付けずに室温が上昇し過ぎたりすると、体調が悪化してしまいます。

 ## 冷房の設定温度は28度に

日光浴をさせるとき以外は、ケージは直射日光が当たらない場所に置きましょう。さらに、室温が上がりやすい部屋であれば、冷房を付けたまま外出することをおすすめします。冷房の設定温度は、28度程度がちょうどいいでしょう。

暑いからといって、軒下やベランダなどの日陰に吊るして外出すると、猫やヘビ、カラスなどに襲われる危険がありますので十分に注意してください。また、夏場は、水が腐ったり、干上がったりしやすいため、水の管理にも注意を払ってください。

夏場の世話のポイント

- 冷房の設定温度は28度にする

- ケージは直射日光が当たらない場所に

- 冷房や扇風機の風を直接当てない

- 水の干上がりや腐敗に気を付ける

- 他の季節より、水浴びの回数を増やす

開口呼吸に注意！

室温が高温になり過ぎると、クチバシを開けたまま、早い呼吸をすることがあります。これを開口呼吸といい、体力が消耗している状態です。こうした症状が見られたら、少しずつ室温を下げるようにしてください。

「暑いときは水浴びに限る！」

61

寒くて乾燥する冬は苦手

- 文鳥は寒さが苦手。特に高齢や生まれたての文鳥は体力が弱いため、冬は保温が必要になります。
- 冬場は湿度にも要注意です。加湿して適度な湿度をキープしましょう。

高齢の文鳥は寒さ対策を

　高温多湿の熱帯が故郷である文鳥は、寒くて乾燥する日本の冬は苦手。といっても、環境への適応力が高いため、健康な成鳥であれば、冬場も特別な保温は必要ありません。しかし、7、8歳頃になると、多くの文鳥は体力が落ちて寒さに弱くなるため、暖房で保温したり、ケージにヒーターを設置したりする対策が必要になります。また生まれてから6カ月くらいまでの文鳥も寒さには適応しづらいため、保温しましょう。

「ここはとっても暖かい……」

春や秋の冷え込みにも要注意

　思わぬ落とし穴となるのが、早春や晩秋の朝晩が冷え込む時期です。気温の変化が激しい時期は、人間も風邪を引きやすくなるのと同様に、文鳥も体調を崩しやすく、特に老体の場合はあっけなく命を落としてしまうこともありますから、くれぐれも注意してください。

　寒さに加え、冬は乾燥にも対策が必要です。適切な湿度は、成鳥は50 ～ 60%、ヒナは70 ～ 80%です。湿度対策は比較的容易で、加湿器を置けばOKですが、室内に洗濯物を干すだけでも湿度は上がります。

冬場の世話のポイント

- 高齢や幼体の文鳥がいる場合は、20度に保温を

- 湿度は50〜60%（ヒナは70〜80%）に保つ

- 温湿度計でこまめに計測する

- ケージは隙間風が当たらない場所に置く

- 水浴びはお湯ではなく、必ず水を使う

換羽期が早まることも

冬場に室温を高くすると、春と勘違いして換羽が始まってしまうことがあります。二度換羽によって体力を消耗させてしまいますが、高齢の文鳥に寒さ対策は必須ですので、仕方ない措置と割り切りましょう。

さ、さむい〜

「寒いのは嫌い」

なかなかの美食家。
青菜や果物が大好き

- 文鳥は、主食の穀物のほか、青菜や果物も大好物です。栄養バランスを考えて与えましょう。
- 必要な栄養素がすべて含まれるペレットというエサが広く流通していますが、好まない文鳥もいます。

1日のエサは大さじ1杯程度

健康管理の基本となるのが、毎日の食事です。

文鳥のエサは、ペットショップなどで売られている混合シードがよく利用されています。アワ、ヒエ、キビ、カナリーシードの4種類が混ざっているものが多く、お米がプラスされている場合もあります。文鳥は、「ライスバード」とも呼ばれ、お米が大好きです。混合シードに、牡蠣の殻を砕いたボレー粉を少々エサに混ぜてカルシウム補給をするといいでしょう。

成長は1日7グラム（大さじ1杯）程度で十分ですが、まき散らしてしまうようでしたら、多めに入れるようにしましょう。

「とっても美味しい♪」

副食に青菜や果物を

さらに小松菜やチンゲンサイ、豆苗などの青菜が副食となります。健康維持にも役立ちますから、毎日あげるのが理想的です。みかんをはじめとした果物も好んでついばみますが、水分が多いため体が冷えてしまいます。こちらは週1回程度にとどめておくのが無難です。

市販品の餌に穀物を粉状にして必要な栄養素をプラスしたペレットが

あります。栄養面に申し分なく、青菜やボレー粉をあげる必要がありませんが、文鳥があまり好まないことも多いようです。その場合は無理に食べさせないようにしましょう。

エサは毎日与えよう

回数　　1日1回交換します。朝、体調をチェックしながら、入れ替えるのが良いでしょう。

必要な量

毎日
取り替えてね

成鳥は1日7グラム（大さじ1杯）程度ですが、意外にも1歳未満が大食漢で2倍の量を食べます。また年老いた文鳥も食べる量が増えますので、食べ残しなどの様子を見て量を調整してください。

飲み水

エサと一緒に、1日1回取り替えるようにします。ミネラルウォーターの軟水を与えても構いませんが、水道水でも問題ありません。

「青菜が大好物」

生活リズムを大切に

- ●規則正しい生活をさせることが、健康維持やストレスをため込まないための秘訣です。
- ●野生の文鳥は、日の出とともに起き、日の入りとともに寝ますが、ある程度飼い主の事情に合わせられます。

 1日のリズムを大切に

「規則正しく暮らそうね！」

文鳥は規則正しい生活を好みますので、1日のリズムを大切にしましょう。それが健康維持やストレスをため込まないための秘訣です。

野生の文鳥は、日の出とともに起き、日の入りとともに寝ます。できるだけ、この生活パターンに近づけることを心がけつつ、飼い主の事情に合わせて1日の流れを考えましょう。順応性が高いため、極端な夜更かしを強いるなどしなければ、あまり問題ありません。

 毎日の世話は同じ時間に

ただし、一つひとつの世話は、極力、同じ時間にすることが原則です。たとえば、普段は夕方に放鳥しているのに、家に遊びに来た友人に見せようと、夜中に起こしたりすると生活のリズムが狂ってしまいます。

休みの日は、思う存分、文鳥と触れ合いたいという人も多いでしょう。そういうときは、太陽の上っている時間帯であれば、ずっと放鳥しても大丈夫です。ただし、普段の生活と異なる場合は、文鳥の様子を注意深く観察し、無理強いしないようにしましょう。

1日の流れを大切に

朝

6時から8時くらいの間に起こします。朝の光を浴びると、しだいに動きが活発になってきます。この時間帯にエサと飲み水を取り替えてあげましょう。食事をしてお腹が満たされたら、羽繕いを始める姿がよく見られます。また午前中に水浴びができる環境を整えてあげましょう。

昼

昼間は、エサを食べたり、羽繕いをしたり、昼寝をしたりして過ごします。青菜は体が冷えてしまいやすいため、1日の中で最も暖かい昼間にあげるようにします。

夕方〜夜

本来は、日が沈むと睡眠時間となりますが、室内で飼育していると、夕方も活発に動きます。21時頃までには、ケージに布をかけて寝かせてあげましょう。テレビや会話などの生活音はあまり気にする必要はありませんが、ケージを振動させるようなことは避けましょう。

迷子にさせないために

- 何かの拍子に外に飛び出してしまう事故は後を絶ちません。放鳥時には窓やトビラを開けないように。
- 万一、外に逃げてしまったら、窓を開け放ったまま、即座に家の周辺を探しましょう。

屋外での迷子は命取り

「絶対に逃がさないでね！」

文鳥の飼育で最も注意すべきことの一つが、屋外に逃がさないことです。何かの拍子に外に飛び出してしまい、見つからなかったという事故は後を絶ちません。

中には、文鳥が家や庭に迷い込んできて保護したものの、飼い主を探す術もなく飼うことにしたという人もいますが、これは文鳥にとっては幸運なケースに入るでしょう。普通、人に飼われていた文鳥は、外界では生きていけません。

放鳥時に窓は絶対に開けない

文鳥を迷子にさせないための基本は、ケージの外に出しているときは、窓やトビラを決して開けないことです。分かっているつもりでも、来客があったり、洗濯物を取り込もうとしたりして、つい開けてしまうことがあります。また、文鳥を放し

「外では生きられないよ」

ていることに気付かない家族が開けてしまわないように注意しましょう。

　万一、文鳥が外に飛び出してしまったときは、窓を開け放しにして、家の周りを中心に一刻も早く探しましょう。すぐに探し始めるほど、見つかる可能性は高まります。

文鳥が外に逃げてしまったら

家の周囲を探す

文鳥が自力で戻ってきた場合に入れるように窓を開け放しにして、家の周囲を探します。飼っていた文鳥はあまり遠くに飛んでいこうとはせず、家の周りをウロウロしていることがよくあります。特に窓や玄関、ベランダなどを念入りに探してください。

隣近所に声をかける

迷子になった文鳥は、不安になって人家に飛び込むことがあります。隣近所の住人に事情を話し、見つけたら保護して知らせてもらうようにしておきましょう。

迷子のチラシを貼る

文鳥の名前や写真、迷子になった日時、飼い主の電話番号などを印刷したチラシを貼っておけば、保護した人が連絡してくれる可能性もあります。

交番に知らせる

文鳥を保護した人が拾得物として交番に届けてくれることも考えられます。最寄りの交番に知らせておいてください。その際、できれば迷子のチラシを一緒に渡しましょう。

身の回りの危険を取り除こう

- 天敵である猫やヘビ、ネズミ、カラスなどが近づかない工夫をしましょう。
- 観葉植物には鳥にとって有害な種類があるので、放鳥時に危険です。置かない、あるいは処分を考えましょう。

天敵には十分に注意!

　悲しい事故が起こらないように、あらかじめ危険なものへの対策をしておきましょう。

　ベランダや軒先にケージを吊るすと、思わぬ外敵に襲われる恐れがあります。野良猫の危険があるほか、カラスが飛来してケージの外からクチバシで突つくという事故も考えられます。同様にネズミやヘビも、文鳥にとっては強力な天敵となりますから、十分に注意してください。

　既に猫や犬を飼っていて、文鳥も、と考えることもあるでしょうが、これは考えものです。猫は小さな頃から一緒に飼っていれば、文鳥と仲良くなることもあります。しかし、何かの拍子に思わず手を出してしまう可能性もあります。そんな悲劇を考えると、猫と文鳥を一緒に飼うというのはやめておいたほうが無難でしょう。猫に比べて犬は安全ですが、踏んでしまうような事故も考えられますから、十分に注意してください。

「危険なものは置かないで」

有害な観葉植物もある

　室内で見落とされやすい危険が観葉植物です。観葉植物に文鳥がとまっている姿はなかなか画になりそうですが、葉っぱなどが有害なものが意外と多いため、放鳥時は片付けるか、そもそも置かないほうがいいでしょう。

「安全に過ごさせてね！」

　そのほか、調理中に飛んできてやけどを負った、床にいると気付かずに踏んでしまった、引き戸に挟んでしまった、といった事故にも注意を払ってください。

こんな事故に注意！

- ●天敵に襲われた
  ネコ、ヘビ、カラス、ネズミのほか、ハムスターやリス、フェレットなども文鳥を襲うことがあります。

- ●床にいることに気付かずに踏んでしまった

- ●放鳥時に居眠りしてしまって、寝返りしたはずみに体で押しつぶした

- ●調理中にフライパンに飛んできてやけどしてしまった

- ●観葉植物をかじって中毒状態になってしまった

- ●一緒にお風呂に入れたら溺れてしまった

- ●放鳥時にトイレの水で溺れてしまった

- ●引き戸に挟んでしまった

- ●幼い子どもが強く握ってしまった

巣は必ずしも必要ではない

●ケージに巣を設置するかどうかは、意見が分かれます。状況を踏まえて判断してください。

●繁殖をさせない場合は、巣を入れないようにしましょう。無精卵を産んでしまうこともあります。

落ち着いて過ごせるという意見も

文鳥が落ち着けるスペースとして、ケージの中にツボ巣をはじめとした巣を設置するかどうかは、意見が分かれるところです。文鳥が好んで入る様子が多く見られ、夜間は安心して眠れることから、「設置するべき」と考える

「巣の中で過ごすのが好き」

愛鳥家もいます。見た目としても、巣を設置すると、いささか殺風景なケージの雰囲気が和らぐうえに、ツボ巣の中にたたずむ文鳥の姿は、なかなか可愛らしいものがあります。

無精卵を産む可能性が高まる

その半面、デメリットもあります。繁殖させたくない場合に巣を設置すると産卵しますし、メス1羽だけで飼っていても無精卵を産んでしまう可能性が高まります。無精卵は体調の悪化につながる危険があり、できれば産ませないほうが文鳥のためです。また、巣の中にフンをするため、こま

めに掃除をしないと不衛生になってしまいます。

　結論としては、ケース・バイ・ケースということになり、絶対に必要というわけではありません。整理すると、繁殖をさせたい場合やこまめに清掃できる場合は設置し、それ以外のケースでは設置しないのが無難といえるでしょう。また、高齢になって産卵の可能性がなくなってから設置するという考え方もありそうです。

巣の必要性を検討しよう

設置しても良いケース

●繁殖をさせたい

●高齢で産卵の可能性がない

※いずれのケースでも、こまめに掃除しましょう。

設置しないほうが良いケース

●繁殖をさせたくない

●無精卵を産ませたくない

●こまめに掃除ができない

「狭いところが好きなんだ…」

「やっぱり落ち着く……」

指先を向けないで

- 文鳥は尖ったものを向けられると、攻撃されていると捉えますから、指先やペンなどを向けないようにしましょう。
- はっきりとした原色や幾何学模様を怖がる文鳥もいます。怖がる気配があったら遠ざけてあげましょう。

🐦 指先を向けるのは攻撃のサイン

「苦手なものがたくさんあるんだ」

文鳥を室内で遊ばせているときに、ある物を怖がったり嫌がったりすることがあります。そんな素振りを見せたものは、ストレスになりますから近づけないようにしましょう。

文鳥がクチバシの先を相手に向けるのは敵意を持って攻撃しようとしていることを意味します。そんな習性から尖ったものを向けられることをとても嫌います。何気なく指先を向けると、怒って威嚇を始め、突いてくるのはそのためです。反撃するうちはまだましで、ときには萎縮して元気を失ってしまうこともありますから、くれぐれも指先やペン、お箸などを文鳥に向けないでください。

🐦 色や模様にも好き嫌いがある

文鳥は、色にも好き嫌いがあり、一般にはっきりとした彩度の高い色は好まないといわれています。室内の備品の色に反応することもありますし、飼い主の洋服が嫌いな色だったりすると近づいてこないこともあります。

また、幾何学模様を怖がる文鳥も多いといわれています。こうした好き

嫌いは幼い頃からの飼育環境にも左右されるといわれ、個体差もあるようです。怖がったら遠ざけることを心がけるなど、文鳥の様子をつぶさに観察して、安心して暮らせる環境を作ってあげたいものです。

こんなものを嫌います

尖ったもの

尖ったものを向けると、威嚇されていると受け止めます。

はっきりした彩度の高い色のもの

彩度の高い赤や青を怖がる文鳥が多いようです（ただし、個体差は大きいです）。インテリアや置き物、飼い主の洋服などに反応します。

幾何学模様

あまり好まない文鳥が多いようですが、まったく気にしない文鳥もいます。徐々に慣れてくる場合もあるようです。

けっこう怖がりなんだ…

「怖がらせないでね！」

複数の文鳥を飼うときは

- ペアにならない限り、文鳥同士は一定の距離を保って生活するため、近づき過ぎるとケンカをします。
- インコなどの他の種類の鳥と一緒に飼う場合も、ケージを別々にするなどの配慮が必要です。

文鳥は縄張り意識が強い

「みんなで歌ってるよ！」

飼育に慣れてきたら、複数の文鳥を飼ってみたくなるかもしれません。確かに、文鳥たちが一緒に遊んでいる姿を想像するだけで微笑ましい気持ちになるものです。

しかし、文鳥は基本的に縄張り意識が強く、攻撃的な性格ですので、複数を一緒に飼うには十分な注意が必要です。ペアになる場合は別として、威嚇をしたり、攻撃をしかけたりするのが普通で、親子や兄弟であってもケンカしてしまいます。放鳥時には弱いほうが離れていくため問題はありませんが、基本的にケージは1羽につき一つを用意しましょう。あるいは、広めの禽舎で飼うという方法もありますが、これは一般家庭ではなかなか難しいかもしれません。

インコなどと一緒に飼うときも距離を保つ

他の種類の鳥と飼いたいと思う人もいるでしょう。この場合も文鳥同士で飼うのと同様に、文鳥は自分が強いと思ったら攻撃をしかけます。特

に人に育てられた文鳥は、自分を人と思い込むことがあり、他の鳥よりも優位に立ちたがります。

　愛鳥家の中には、インコと一緒に飼育する人も少なくありません。個々の相性があるため一概には言えませんが、ケージを別々にすれば、それほど問題がないケースもあるようです。

ケンカをさせない環境を

文鳥同士の場合

- ケンカになりやすいため、ケージは別々にしましょう。強いほうがエサを独占することもあります。

- 親子でケンカをすることも。ヒナが単独でエサを食べるようになったら、ケージは別々にしましょう。

- 放鳥時は、一緒に遊ばせても問題ありません。

他の種類の鳥と一緒に飼う場合

- フィンチやカナリアは文鳥に攻撃されやすいです。

- インコとも特に相性が良いということはありませんが、ケージを別々にすれば一緒に飼うことは可能です。

- ハトの仲間は比較的共生しやすいようです。

文鳥は１羽でも寂しくない

文鳥が１羽では寂しそうだからという理由で、複数を飼おうと考える人もいますが、この点はあまり心配は要りません。確かに、野生の文鳥は群れで生活していますが、よく見ると、それぞれ距離を保って生活しています。飼い主の愛情があれば、１羽でも寂しがることはありません。

どれくらい留守番できる？

- 朝から夜までの留守番は、基本的に問題ありません。ただし、思わぬ事故を招かないように注意が必要です。
- 2泊3日までは留守番できますが、それ以上の場合は、信頼できる人に預けるか、ペットホテルなどを利用しましょう。

 ## 留守時は思わぬ事故に注意

「早く帰ってきてね！」

これから飼おうと考えている人は、文鳥がどれくらい留守番ができるかは気になるところでしょう。

朝から夜までの留守番であれば、基本的に問題ありません。家を出る前に、エサと水をきちんと取り替えるのをルールとしてください。留守時にケージから放してあげたほうがストレスがたまらないように思えますが、絨毯に足が絡まって抜けなくなったり、有害なものを口にしたり、トイレなどの水で溺れたり、思わぬ事故の危険が付きまといます。「文鳥専用」の部屋として十分に管理されているような場合を除いて、ケージに入れておくようにしましょう。また、真夏などに日中に室温が高くなる場合は、冷房を付けて外出する必要があります。

 ## 2泊3日までならOK

出張や旅行など家を空ける場合、2泊までなら文鳥だけで留守番できると考えて良いでしょう。その場合、エサ入れや水入れをもう一つず

つ用意し、多めに入れておくようにします。自動の給餌器や給水器を使用するのも一つの方法です。3泊以上の場合は、家族や知り合いなど信頼できる人に預けるか、ペットホテルやペットシッターを利用するようにしましょう。

 ## 安全な環境で留守番させよう

朝から夜までの場合

- 朝、エサと水を取り替えれば、問題ありません。

- 夏や冬には室温にも注意しましょう。

- ケージの中に入れて留守番させるほうが安心です。

- できれば帰宅後にケージから出して遊ばせましょう。

2泊3日までの場合

- 成鳥であれば大丈夫ですが、高齢の文鳥は難しい場合もあります。日頃の体調を見て判断してください。

- エサ入れや水入れの数を増やすか、自動の給餌器や給水器を使いましょう。

3泊以上の場合

- 自動の給餌器や給水器の使用でエサや水の問題はクリアできても、3泊以上、清掃をしない狭いケージに入れっ放しにすると、大きなストレスがかかる場合もあります。

- 信頼できる人に預けるか、ペットホテルやペットシッターを利用しましょう。

chapter.2

33 一緒に遊んで心を通わせよう

- ●文鳥と遊ぶのは飼い主にとって大きな喜びです。一緒に遊ぶほど、信頼関係は深まっていきます。
- ●文鳥によって興味の対象はさまざま。よく観察して楽しい遊びを見つけてあげましょう。

 ## 文鳥とたくさん遊ぼう!

文鳥と一緒に遊ぶのは、飼い主にとっては心安らぐひとときです。たくさん遊ぶほど心が通じ合い、信頼関係が深まることに大きな喜びを感じるに違いありません。文鳥を手に乗せてスキンシップをとっているだけでも十分に楽しく、時間があっという間に過ぎてしまうものですが、よく懐いてきたら、いろいろな遊びを考えてみましょう。

 ## 興味の対象を見つけよう

文鳥と過ごしていると、しだいに好きな遊びが分かってくるはずです。目の前にティッシュペーパーをひらひらとさせると喜んで突いたり、綿棒を与えるとくわえて歩き回ったり、コード類をゆらゆらとさせると興味津々の様子で見入ったり、文鳥によって興味の対象はさまざまです。パソコンのキーボードに乗るのが好きだったり、携帯電話のボタンを突いたりする文鳥もいます。日頃の様子をよく観察して、一緒に楽しい遊びを見つけましょう。

芸をしこんでみたいという気持ちもあるかもしれません。犬のようにいろいろと教え込むのは難しいですが、空腹時に放鳥して口笛を鳴らしてエサを与えるようにすると、徐々に口笛を鳴らしただけで飛んできてくれるようになることがあります。

point

文鳥と遊ぼう

馴れると、こんなポーズをするように……

綿棒をあげると、いつも大喜び

パソコンのキーボードに乗るのが大好き!

スマートフォンが気になる

雑誌をかじるのが大好き

コップに興味津々

水浴びが大好き

- ●水浴びは、健康維持やストレス解消、またきれいな羽毛を保つためには不可欠です。
- ●普段は1日1回、夏場はできれば1日2回、水浴びをさせてあげましょう。

1日1回の水浴びを習慣に

　文鳥は水浴びが大好きで、水入れに水を入れると、すぐに始めるほどです。健康維持やストレス解消、またつややかな羽毛を保つために不可欠な行為ですから、基本的に1日1回、夏場は1日2回させてあげましょう。過度の水浴びは、体調を崩す原因になりますので気を付けてください。

　水浴びをすると、けっこう派手に水をまき散らし、ケージの中を水浸しにしてしまいますから、掃除の前にするといいでしょう。時間は、10時から正午くらいまでの午前中が適しています。夏場は、午後にもう1回させてあげるといいでしょう。

「手のひらでも水浴びするよ」

体調が悪いときはさせないで

　文鳥は、体調が悪いときは水浴びをしないことがあります。そんなときは、無理やり水に入れるようなことがないようにしましょう。

　また冬場はお湯に入れてあげたくなりますが、これはNGです。文鳥の羽毛がつやつやしているのは脂で覆われているからですが、お湯で水

浴びをすると脂が取れてしまいます。

　水浴び後は、羽繕いを始めます。その姿が何とも可愛らしく、見ていて飽きることがありません。

水浴びを日課にしよう

1日1回を目安に

●普段は1日1回、夏場は1日2回させてあげましょう。

●午前中の活発な時間帯（10時から正午くらい）が適しています。夏場は、午後の元気なときにもう1回させましょう。

気持ちいい！

お湯は使わない

●寒い時期でも、水を使いましょう。お湯を使うと、羽毛の脂が取れてしまいます。

流し台でもOK

●ケージの中に水浴び器をセッティングしてもいいですし、キッチンや洗面台などの流しでさせてもいいでしょう。

「水浴びした後は羽繕い」

一緒にお出かけするときは

- 移動させるときは、なるべくストレスを与えないようにしましょう。
- 移動中、ケージやケースはバッグなどに入れましょう。また、できるだけ振動させないように気を遣ってください。

小型のケージがあると便利

「移動はあまり好きじゃない……」

誰かの家に預ける、病院に連れて行くなどの理由で、文鳥を移動させることがあります。基本的に移動はストレスになりますので、できるだけ負担がかからないように工夫してください。

飼育用のケージは移動には大き過ぎますので、小型の竹カゴなどがあると便利です。またはキャリーケースなどを用いるのもいいでしょう。どちらにしても、すっぽりと入るくらいのバッグに入れたり、布で覆ったりして、周囲の景色が見えないようにすると、多少落ち着くようです。

できるだけ揺らさない

移動中は、できるだけ振動させないようにしましょう。電車や車の場合は、膝の上に乗せてあげるくらいの心遣いがほしいものです。

家を出る前にエサを食べ、水を飲んでいれば、3時間くらいはエサや水を与える必要はありません。それ以上の時間がかかる場合は、途中

で与えてあげましょう。

　なるべく長時間の移動は避けたいのですが、移動を余儀なくされた場合は、しばらくの間は、体調に変化がないか注意深く観察しましょう。

移動の負担を減らそう

小型のケージやケースを使用

できるだけ小さいほうが、事故が起きにくくなります。必ず1羽につき一つの容器を用意してください。長時間でなければ、エサや水は必要ありません。

周囲の景色が見えないように

ケージやキャリーケースは、バッグに入れたり、布で覆ったりして、周囲が見えないように工夫しましょう。

できるだけ揺らさないで

手で持って運ぶときは揺らさないように注意し、電車や車の中でも大きな振動をさせないように注意してください。

「やっぱり家が一番!」

「得意のジャンプ！」

「皆で仲良くいただいています！」

「これ何だ？……という表情です」

「ケンカしないで遊んでいますよ！」

「ん、名前を呼んだ？」

第3章
もっと文鳥と仲良くなろう

chapter.3

36〜50

文鳥との生活をもっと楽しむために、
詳しく学びましょう。

chapter.3

36　ヒナから育てる楽しさ

●ヒナから育てると飼い主にとてもよく懐きます。大変ですが、環境が許すのなら、ぜひチャレンジを。

●温度や湿度の管理、規則正しい生活パターンなど、必要な心構えを事前に知っておきましょう。

🐦 ヒナから育てるとよく懐く

　文鳥をヒナから育てる魅力は、何といっても飼い主をパートナーと認識して非常によく懐くことでしょう。しかし、人間の子育ての喜びが大きい半面、たくさんの苦労があるのと同様に、文鳥のヒナも手厚くケアをしなければ健康に育ってくれません。

　例えば、生後2〜3週間ほどのヒナは2時間おきに1日6回ほど、スポイトでエサを与える必要があります。付きっ切りで世話をしなくてはならない時期があることを知っておきましょう。

「どんどん大きくなっていくよ」

🐦 成長する姿を見守る喜びはひとしお

　ヒナを健康に育てるためには温度や湿度の管理がとても重要ですから、成鳥の飼育とは異なる備品が必要になります。また日の出や日の入りを基本とした規則正しい生活も大切ですので、1日の飼育スケジュールを守らなくてはなりません。

　何か一つを間違えただけで死んでしまうことがあるヒナの飼育は、とても気を遣いますし、飼い主としての負担は大きいですが、それだけに元

気に成長していく姿を見守る喜びはひとしお。時間や環境が許せば、ぜひチャレンジしてみたいものです。

ヒナを元気に育てるためのポイント

温度・湿度の管理はしっかり

生後1カ月未満は30度、ヒナ換羽が終わるまでは25度程度が適温です。湿度は、60〜80%を保ちましょう。温度管理はフィルムヒーターやサーモスタットを用い、湿度は濡れタオルなどで調整します。比較的温暖で湿度も適当な5月や9月は育てやすい時期です。

安全なスペースを確保する

犬や猫などの他のペットが近づける場所はNG。人がよく通るところも避けましょう。

飼育スケジュールを作る

朝起こしたり、夜寝かせたりする時間は一定にします。時期によって、さし餌の回数や時間は変わります。

「大切に育ててね!」

付きっ切りで世話をできない人は……

自分でエサをついばみ始める生後5〜6週間くらいのヒナを入手すれば、朝、晩の2回ほどのさし餌で育てられます。これくらいの時期から、飼い主をパートナーとして意識し始めるため、文鳥と親密になることは十分可能です。

繁殖にチャレンジしよう

- 繁殖させやすいのは、生後10カ月くらいから3年くらいの文鳥で、時期は春や秋が適しています。
- 繁殖は、ペアリング⇒産卵⇒抱卵という流れで進みます。抱卵日数は16日前後です。

換羽期以外の年中繁殖が可能

「たくさんの卵を産むよ」

文鳥の繁殖は、正しい知識があれば、比較的容易といわれています。ヒナを飼える環境が整っているなら、チャレンジしてみてはいかがでしょうか。

換羽期以外は年中繁殖が可能ですが、産卵や抱卵のしやすさ、ヒナの育てやすさを考えると、春と秋が良いでしょう。また親鳥は、生後10カ月くらいから3年くらいまでが適しています。

卵は16～20日程度で孵化

親鳥がそろったら、ペアリング、産卵、抱卵という流れになります。ペアリングが最初の難関となりますが、徐々に一緒に過ごす時間を増やしていくなどして根気強く慣れさせましょう。ペアリングが成功して同居を始めたら、十分

「まずはペアリングが大事」

なエサと繁殖に適した場所があると交尾をします。1日1個を産卵し、合計5〜8個程度を産みます。抱卵の日数は16〜20日程度で、雌雄交代で行います。待ち遠しい限りですが、干渉せずに孵化までじっと待ちましょう。

繁殖を成功させるために

ペアリング

● ペアリングがうまくいかない場合は、ケージを隣に並べる、同じ時間に放鳥をする、一緒に過ごす時間を少しずつ延ばす、といった方法で、徐々に慣れさせましょう。

● 通常のエサに加え、青菜、ボレー粉、アワ玉、ゆで卵の黄身など、栄養のあるエサを与え、繁殖を促します。

産卵

● 同居したら、十分なエサと繁殖に適した場所があると交尾をします。ケージの中に巣を取り付けましょう。

● 朝6〜8時頃に産卵します。巣にこもっているとき、覗いたり、巣を動かしたりすると、産卵をやめてしまうことがあります。

● 産卵後、メスは大きなフンをします。

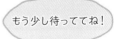
もう少し待っててね！

抱卵

● 3〜4個を産卵後、抱卵を始めます。ケージは、騒音や振動などがない場所に設置してください。

● 巣の中はあまり覗かないように。卵を触るのもNGです。

● 1羽ずつ放鳥をしても構いません。

chapter.3

38 ヒナが生まれたら

- 生まれたては2グラム程度ですが、成長のスピードは速く、1カ月程度で成鳥並みの大きさになります。
- 手乗りにしたい場合は、生後12日目くらいに巣から取り出してください。

楽しくも大変な子育ての始まり

いよいよ待ちに待ったヒナの誕生です。生まれたてのヒナを目の当たりにするのは感動の一言ですが、ここからが大変な子育ての始まりです。

孵化したばかりのヒナは、2グラム程度で羽毛も生えていませんが、1カ月程度で成鳥並みの大きさになります。そのためには、たくさんのエサを食べる必要があり、親鳥は胃の中のエサを吐き戻して与えます。

町中のツバメの巣で口を開けて待つヒナたちに、親ツバメがエサを捕らえては与える姿を見たことがあると思いますが、それと同じことを文鳥もするのです。

「とっても可愛いでしょ!」

育雛中の親鳥は必死

育雛中は、普段は甘えてくる飼い主に対して、興味を示さなかったり、近づいたら威嚇をしたりするかもしれません。しかし、これは本能的な行動ですので、温かく見守ってあげましょう。

ヒナを手乗りにしたい場合は、ヒナの目が開く生後12日目くらいまでに巣から取り出します。

たっぷり栄養を与えよう

孵化

● 孵化したかどうか
は、卵の殻が落ち
ている、メスが巣
から出てきた、ヒ
ナの鳴き声がする、
といったことから
判断しましょう。

生後すぐ

生後10日ほど

● 無精卵の場合は孵化しません。日光や電球にかざし、血管
が発達しているのが分かるものは有精卵です。無精卵は黄
身がはっきりとしていて、血管は見えません。

育雛

● メスにはたっぷりと栄養を与えましょう。エサのメニュー
は、繁殖時と同じもので構いません。

● 水浴びをさせても構いません。羽毛の乾きは速く、ヒナを
冷やしてしまうことはありません。

● 親鳥の体調が悪かったり、ヒナの数が多過ぎると、育児放
棄をすることがあります。そんなときは巣から取り出し、
飼い主がエサを与えます。

「どんどん大きくなるよ!」

繁殖や孵化が
うまくいかないのは?

- ●エサや環境、体調などの条件がそろわなければ、繁殖や孵化はうまくいきません。一つひとつ確認しましょう。
- ●適齢の文鳥を選びましょう。生まれたてや4、5年目以降の文鳥が繁殖に成功する率はあまり高くありません。

🐦 エサや環境、体調のチェックを

　繁殖や孵化は、エサや環境、体調など、いくつもの条件が関係しているため、見落としがあると失敗することがあります。念願のヒナがなかなか誕生しないのは飼い主だけではなく、きっと文鳥にも辛いことのはず。うまくいかない場合は、一つひとつ条件をチェックして成功に導きましょう。

　文鳥はもともとデリケートな鳥ですが、繁殖や抱卵を行うときは、特にストレスを感じやすくなります。そうなると、繁殖や抱卵に支障がありますから、エサや環境などをしっかり整えた上で、心配だとは思いますが、あまり干渉しないようにしましょう。

「ストレスを与えないでね」

🐦 高齢出産は避けたほうが無難

　親鳥として適齢の文鳥を選ぶことも大切です。生後10カ月から3年くらいまでが適しています。それ以降の文鳥も繁殖することはありますが、あまり可能性は高くありません。長く飼っている文鳥で繁殖したいという思いがあるかもしれませんが、「高齢出産」は体に負担もかかりますので、避けたほうが無難でしょう。

こんなときはどうする？

繁殖しない

● 栄養不足では？

栄養不足が考えられます。発情促進のエサとして最も一般的なのは、鶏卵の黄身をアワにまぶして乾燥させたアワ玉です。市販されていますが、自作もできます。他には、カナリーシード、ニガーシード、マイロなども増やします。ボレー粉なども良いでしょう。また飲み水にビタミン剤を与えるのも有効です。

● 繁殖期を迎えていないのでは？

文鳥は、四季の日照時間に合わせて生活していないと、発情しにくくなることがあります。昼間に薄暗い部屋や夜中まで明るい部屋で生活させていることが要因です。繁殖させたい場合は、日照時間を意識した生活をさせましょう。

● 環境が整っていないのでは？

交尾しやすい安定した止まり木があると、成功しやすくなります。

孵化しない

● 無精卵では？

無精卵は孵化しません。産卵の数日後から、日光や電球に照らして検卵できます。血管が通っている場合は有精卵です。ただ、卵を割ったり、親鳥を驚かせたりすることがあるため、必ず検卵する必要はありません。

● ストレスを感じているのでは？

文鳥が強いストレスを感じていると、抱卵を拒否することがあります。ケージは振動しづらく、人通りが少ない場所に置くなどストレスを与えない工夫をしてください。環境を整えたら、そっと見守ってあげる優しさも大切になります。

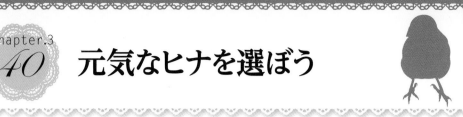

元気なヒナを選ぼう

- 店員がアドバイスをしてくれ、管理や掃除が行き届いたショップで購入しましょう。
- ヒナは生後2週間くらいから店頭に並びます。体の大きさや動き、各部をチェックして健康状態を確かめましょう。

信頼できるショップを選ぼう

自分でヒナから育てたい場合、繁殖をさせなくても、小鳥店やペットショップでヒナを購入するという方法もあります。元気なヒナを選ぶためには、いくつかチェックしたいポイントがあります。

基本として、信頼できるショップを選ぶことが大切です。掃除は行き届いているか、インコなどの他の種類のヒナと一緒にされていないか、などをチェックしましょう。店員が文鳥に詳しくてアドバイスをしてくれるショップは、なおさら安心です。

「小さいけど、個性があるよ」

里子を譲ってもらう場合は

ショップには、生後2週間くらいから並び始めます。同じ時期に生まれたヒナと比較し、大きさや動き、また目や脚、お尻などから健康状態を確かめましょう。

ショップで入手する以外には、里子を譲ってもらうという方法も考えられます。このケースでも、病気の兆候かないかなどを、よく確かめたうえで譲り受けることが基本です。

元気なヒナを選ぼう

体

- 他のヒナと比べて体が大きい
- そのうが赤くない
- 目が生き生きとしている
- 脚がしっかりしている
- 指が欠けていない
- お尻が汚れていない

よく見て選んでね！

動き

- 活発に動く
- 人に近寄ってくる

品種による特徴

ショップでは、品種ごとに販売されていますが、下記が大まかな外見の見分け方です。

白文鳥	クチバシは淡いピンク。羽色は全身白か、背中に淡い灰色。
桜文鳥	クチバシは黒。羽色は、茶色がかった灰色。尾羽は黒。
シナモン文鳥	クチバシは淡いピンク。羽色は淡い茶色。
シルバー文鳥	クチバシは黒。羽色は薄い灰色が多い。

「目をよく見てね！」

ヒナを元気に育てよう

- ●ヒナの飼育において最も大切なのは、温度と湿度の管理です。これが不適切な場合、命を落とすこともあります。
- ●この時期の栄養で骨格が決まるため、エサをおろそかにしないようにしましょう。

大きな失敗をしない限り、大丈夫

　体が小さく、か細く鳴くヒナの姿はあまりに弱々しく、「本当に育てられるだろうか」と、不安を覚えるかもしれません。しかし、文鳥のヒナは見た目以上に丈夫ですので、大きな失敗をしない限り、元気に育ってくれます。

　一番気を付けてほしいのは、温度・湿度管理の徹底です。ヒナは、温度と湿度には大変敏感で、管理が不適切だと、あっけなく命を落とすこともありますので、くれぐれも注意してください。

　ヒナの飼育は、「ふご」「マスカゴ」などの容器が便利です。その下にフィルムヒーターを設置し、横に濡れタオルを置くなどして、全体を大きなプラスチックケースに入れるか、ビニールシートなどで覆って、温度・湿度を管理します。

「次はボクの番！」

1カ月くらいで自立する

　ヒナの時期にしっかりと栄養を取れるかどうかで、骨格が変わるため、食事もおろそかにしないようにしましょう。一般的なエサは市販のアワ玉とパウダーフードを混ぜたもので、容易に作れます。生後2〜3週間は2時間おきに1日6回ほど与える必要があり、付きっ切りの世話を要します。し

かし、喜んで食べてくれる可愛いらしい姿を見たら、きっと苦にならないに違いありません。普通、1カ月ほどで飛べるようになり、同じくらいの時期に自分でエサを食べられるようになります。

ヒナを元気に育てよう

【保温・保湿】

● 生後3週間までは28〜30度、4週間までは26〜28度、1カ月以上経ったら徐々に気温を下げていきます。保温はフィルムヒーターが便利です。湿度は70％前後が理想です。特に乾燥し過ぎに注意してください。

さし餌

● ヒナのエサは、市販のアワ玉を熱湯に浸し、不純物とともに一度湯を捨て、再び湯を注ぎます。これに市販のパウダーフードを加え、トロトロの状態にして与えます。温度は38度くらいにします。1日1回、すりつぶしたボレー粉や青菜を混ぜましょう。

おいしいよ！

● 生後2〜3週間は、2時間おきに1日6回ほどを与えます。夜8時には終了して寝かせてください。生後4〜5週間くらいは、1日3回ほどを与えます。

● 生後1カ月くらいから、エサをねだらなくなったり、与えても拒否したりし始め、しだい自分でエサを食べられるようになります。

体重測定

● 毎日体重チェックをして順調に成長しているかを確かめましょう。飛び始める直前は、体がスリムになって少し体重が減少することがあります。

学習期に大切なことを教えよう

- 生後30日頃から、学習期が始まります。飼い主をパートナーと認識するのもこの時期です。
- 学習期は文鳥の性格や態度に大きな影響を及ぼすため、とりわけ注意深く接してください。

生後30日頃から自立する

「いろんなことを教えてね」

　ヒナは生後30日頃から、飛べるようになったり、自分でエサを食べられるようになったりと、どんどん自立していきます。この時期は、たくさんのことを吸収する学習期ですので、大切なことを教えてあげましょう。

　生まれてからしばらく、ヒナは特定の誰かを認識しません。飼い主のことも、ひとくくりに「人間」としか捉えていないのです。人がさし餌をすることにより人間を怖がらなくなりますが、それだけで手乗りの文鳥になるわけではありません。手乗りの文鳥にするためには、学習期にパートナーとして認められることが必要です。

文鳥に「恋」をさせよう

　この時期に十分にスキンシップをして、優しく語りかけ、「好き」という気持ちを伝えましょう。文鳥にも「恋」をしてもらえれば、その先もずっと、仲良く過ごせるに違いありません。逆に、学習期に怖い存在という印象を与えてしまうと、その後も嫌いになってしまうことがあるので注意しましょう。

　水浴びを覚えるのも、学習期です。習慣化させておかないと、水浴びを嫌がる文鳥になっています。日中の暖かい時間帯にケージの中に水浴び器を入れてあげれば、自分から始めるはずです。

　学習期は文鳥の性格や態度に大きな影響を及ぼす時期ですから、とりわけ注意深く接して良い関係を築きたいものです。

学習期に性格が決まる

●スキンシップや言葉によって、文鳥に「好き」という気持ちを伝えましょう。

●好奇心が強い時期ですので、おもちゃを与えると喜びます。

●危険なものにも興味を持つため、近づけないようにしましょう。

●水浴びを覚えさせましょう。

●オスは、生後４カ月頃からさえずりの練習を始めます。この時期に繰り返し同じ言葉を聞かせると、さえずりとして覚えてくれることがあります。

「これは何だろう？？」

手乗り文鳥に育てよう

- さし餌をして人に慣れさせることが、手乗り文鳥にするための最初の一歩です。
- 学習期に一緒に遊ぶ時間が少ないと、飼い主にあまり懐かず、手乗り文鳥になってくれないことがあります。

たっぷりとスキンシップを

「リラックスできる場所♪」

手乗り文鳥にするための最初の一歩は、人に慣れさせることです。ヒナのうちからさし餌をすれば、人を怖がらなくなります。ヒナがヨチヨチと歩くようになり、飼い主に近づいてきたら、手に乗せてさし餌をしてみましょう。

さらに、ヒナが飛べるようになったら、毎日、同じ時間にケージから出して一緒に遊んだり、エサを与えたりしてください。目を見つめながら名前を呼んだり、優しくなでてあげてもいいでしょう。こうしたスキンシップの積み重ねによって、文鳥は飼い主のことをパートナーとして信頼してくれるようになります。逆に、この時期にあまり構ってあげられないと、手乗り文鳥になってくれないこともあります。複数の文鳥を飼っていると、関心の対象が飼い主ではなく他の文鳥に向いてしまい、あまり懐いてくれないこともあります。

無制限に遊ばせるのはNG

　学習期によくある失敗が、あまりの可愛さに、暇さえあれば、ケージから出して遊んでしまうことです。一見、良いことに思えますが、無制限に遊ばせると、わがままな文鳥になることがあります。学習期に身に付いた習慣は変わらないことが多いので注意してください。

 ## 一緒に遊んで手乗り文鳥にしよう

STEP1

ヒナのうちから、さし餌をして飼い主(人)に慣れさせましょう。

STEP2

学習期に入ったら（生後1カ月程度から）、ケージから出して一緒に遊びましょう。

触れていると安心

STEP3

手でエサを与えたり、語りかけたり、優しくなでたり、スキンシップを重ねましょう。

「いつまでもココにいたい……」

こんなことは教えないで

- 文鳥に「これはだめ」と言っても通じません。覚えてほしくないことは、見せないでください。
- この時期に「教えない」ことを徹底すれば、その後の世話が楽になります。

 ## 禁止ではなく、「教えない」

「してほしくないことは、教えないで……」

　学習期の文鳥は、目の前で起こることをどんどん吸収していきます。そのため、生きるために必要なことを教えてあげる必要がありますが、同時に危険なことや困ったことも覚えやすい時期なので注意してください。人工的な飼育環境では、文鳥にとって思いも寄らぬものが危険をもたらすことがあります。

　文鳥には、「これはダメ」と言っても通じません。一度知ってしまうと、なかなか修正できませんから、禁止をしたい場合は、最初から「教えない」「見せない」という心構えが必要です。

 ## 目の前で窓や玄関を開けない

　例えば、窓や玄関を開けて、「ここから出ないでね」と教えるのではなく、文鳥の前では決して開けないことです。そうすれば、窓や玄関が外に通じているものとは思い付かないでしょう。

また、文鳥の前でお菓子を食べない、入って欲しくない部屋に連れて行かないといったことも心がけましょう。

成鳥になっても学習をしますが、学習期のように好奇心いっぱいに新しい世界を広げようとはしません。この時期にしっかりと「教えない」ことを徹底しておけば、その後の世話がずいぶん楽になります。

こんなことは「教えない」「見せない」♪

- ●窓や玄関を開けない

- ●目の前でお菓子を食べない

- ●入れたくない部屋に連れて行かない

- ●調理しているところを見せない

- ●お風呂やトイレに連れて行かない

- ●人の食事を一緒に食べさせない

- ●触ってほしくないものは見せない

「覚えちゃったら気になっちゃう」

写真に撮って記録しよう

> ●文鳥は絶好の被写体。動きが素早いため、一眼レフでの撮影が適しています。
> ●窓際の明るい場所で撮る、シャッタースピードは速めなど、いくつかのポイントがあります。

 ## 一眼レフでの撮影がお勧め

　可愛らしい文鳥は、写真撮影の絶好の被写体です。たくさん撮影して、思い出を記録に残しましょう。ただ、動きが素早いため、難度は高めです。上手に撮影するためには、いくつかのポイントがあります。

　スマホ搭載のカメラは手軽に撮れる良さがありますが、瞬間的な動きを捉えたいのであれば一眼レフがお勧めです。一眼レフのレンズをいくつか所有している場合は、中望遠の85mm以上が適しています。

 ## ブレ対策が最大のポイント

　文鳥の撮影は主に室内ですので、ブレ対策がポイントとなります。ストロボは、文鳥を驚かせてしまうため、使用しないのが基本です。窓際など明るい場所での撮影を心がけましょう。

　また、速めのシャッタースピードで撮るのが、ブレを防ぐコツです。「スポーツモード」があればそれを選択するか、マニュアル撮影の「シャッター速度優先モード」で、シャッター速度を1/125〜1/250を目安に設定するといいでしょう。

「いろんな表情を撮ってね」

一瞬の動きを見逃さない

- 顔のズームや全身、後姿、食事シーン、水浴びなど、生活のあらゆる場面を撮ってみましょう。

- 飛行中の写真もぜひ撮りたいところです。レンズを向けて待ち構え、飛んだ瞬間に連続撮影をしてください。運任せの要素が大きいのですが、何度もチャレンジするうちに、きっと躍動感のある写真が撮れるでしょう。

鳴いているときは、表情のある写真が撮りやすくなります。

レンズを向いた瞬間を見逃さずにシャッターを切りましょう。

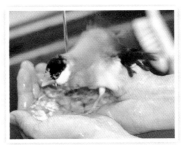

速いシャッタースピードで連続撮影をすると、動きのある写真が撮れます。

エサでおびき寄せると撮りやすくなります。

羽を広げている瞬間を撮ると、躍動感がある写真になります。

病気やケガを予防しよう

- 文鳥は元来丈夫な鳥ですが、健康管理が行き届いていなければ、やはり病気にかかってしまいます。
- 飼育環境を清潔に保ち、栄養バランスの良い食事を与え、適度な運動をさせることが、健康管理の基本です。

文鳥は丈夫な鳥

「健康が一番！」

文鳥は体が丈夫な鳥で、10年以上生きることも珍しくありません。しかし、飼い主による健康管理が行き届いていなければ、病気にかかり、あっけなく死んでしまうこともあります。可愛い文鳥を長生きさせるために、日頃のケアがとても大事です。

健康管理の基本は、毎日の世話にあります。飼育環境を清潔に保ち、栄養バランスの良い食事を与え、適度な運動をさせるといった日々の積み重ねが何よりの健康管理となります。さらに毎日の水浴びも健康維持のために大きな役割を持ちます。

ケガや骨折にも注意

室内飼育は太陽光が不足しがちですので、適度な日光浴を心がけましょう。水浴びの後などに、日の当たる場所に30分ほど置いて日光浴をさせると、健康が増進します。ただし、真夏は熱射病のおそれがありま

すので、日が強い時間帯は避けてください。

　また文鳥は、簡単にケガや骨折をしてしまいます。脚を骨折すると止まり木にとまれなくなるなど、生活に支障が出ます。ケガの原因となるものを取り除くとともに、日頃から注意して観察し、様子がおかしいときは即座に病院に連れて行きましょう。早期発見・早期治療が何より大切です。

健康管理を心がけよう

●エサは栄養バランスを考え、副食も与えましょう

●こまめに掃除をして清潔な環境を保ちましょう

●できれば毎日1時間ほど放鳥して運動させましょう

●適度な日光浴を心がけましょう

●ケガや骨折をしやすいので気を付けましょう

●様子がおかしい場合は、自己判断せずに受診しましょう

「食生活も大事だよ」

文鳥の健康チェックリスト

- 文鳥の病気は分かりづらく、気付いたときは手遅れになることも。早期に発見できるように健康チェックを日課にしましょう。
- 鳴き声、食欲、排泄物、目、耳、鼻、クチバシなどをチェックすると、病気のサインが見つかることがあります。

 ## 毎朝の健康チェックを日課に

「どんどん大きくなっていくよ」

人間と同様、文鳥の病気も早期発見や早期治療が一番の救いの道となります。しかし、文鳥の病気は分かりづらく、明らかに具合が悪いと分かる症状が出たときには既に病気がかなり進行し、治療が困難なケースが少なくありません。

「いつもと少し様子が違うな」と感じたら、大事を取って病院に連れて行くぐらいの心づもりでいましょう。そのために、毎朝の体調チェックを日課として、不調のサインを見逃さないようにしてください。異常が見られたら、すぐに獣医師の診断を受けましょう。

 ## 体重測定をしよう

チェックするポイントは、鳴き声、食欲、排泄物、目、耳、鼻、クチバシなどです。慣れれば、全てチェックするのに1分もかからないでしょう。

また短期間に体重が増減している場合は、何らかの病気の疑いがあります。羽に覆われているため、体重の変化を外見から見分けるのは困難ですから、日頃から体重を計っておくことをお勧めします。

健康チェックリスト

目 うるんでいないか。腫れていないか。

鼻 鼻水が出ていないか。

クチバシ 色や形がおかしくないか。

脚 元気よく跳ねているか。握力はあるか。

呼吸 普段と異なる雑音が聞こえないか。

動き 動きが緩慢ではないか。寝てばかりいないか。

フン 色がおかしくないか。

体 こぶのような膨らみがないか。

こまめにチェックして

「全身をよく見てね」

48 メス特有の病気に注意

> ● メスは、卵づまりなどの産卵障害によって命を落としやすく、長生きしづらい傾向があります。
> ● 無精卵を産ませないために、発情を促す刺激を避けましょう。

メスが割高で販売される理由

「体をよーく観察してね」

一般に文鳥のメスは、オスに比べて割高で販売されています。これはメスは、産卵障害などによって命を落としやすく、オスよりも数が少ないからです。実際、10歳以上生きた文鳥の割合は、4：1ほどでオスが圧倒的に多くなっています。

そのため、メスを長生きさせるためには、特有のケアが必要になります。特に注意したいのは、なるべく無精卵を産ませないことです。

無精卵を産ませないように

メスは発情すると、交尾をしなくても無精卵を産みますが、これは体にとって良いことではありません。卵づまりをはじめとした、さまざまな病気や症状につながることがあります。

卵づまりは、卵が卵管内につまってしまう症状で、カルシウム不足などが原因となります。12〜3月の冷え込んだ季節に起こりやすく、死亡率が高いため、十分な注意が必要です。

無精卵を産ませないために、背中をなでるなど、発情を促すような刺

激を避けましょう。一旦、無精卵を産むと、クセになって産みやすくなってしまいます。こうした産卵障害などに注意してケアをすることで、メスもしっかりと長生きをしてくれます。

主な産卵障害

卵づまり

●症状　卵管内に卵がつまる症状です。初産で起こりやすく、羽毛を膨らませて苦しそうにします。

苦しい…

●対応　カルシウム不足に注意しましょう。元気な場合は、薄暗い場所で保温をしてあげると、卵を産むことがあります。なかなか出てこないときは、病院に連れて行きましょう。重症の場合は、開腹手術が必要です。

卵管脱

●症状　卵管が肛門から飛び出してしまう症状です。卵づまりや産卵の際に力み過ぎることが原因です。放置すると、卵管が壊死します。

●対応　飛び出した卵管は触らないようにして、病院に連れて行きましょう。卵管を体内に戻す処置をしてくれます。再発しやすいため、きちんと治療してください。

卵材停滞

●症状　卵管で卵の材料が停滞している状態です。卵管が腫れてお腹が膨らみます。重症化すると、腹膜炎を引き起こします。

●対応　卵材が小さい場合は、薬剤を投与して徐々に落ち着かせますが、大きい場合は、開腹手術で取り除きます。

体に異変が見られたら

●文鳥の体に異変が見られたら病院に連れて行きましょう。自己判断での治療は大変危険です。

●病院が開いていない時間帯に具合が悪くなったら、保温などの応急処置をしましょう。

 ## 自己判断での治療は危険

「体の異変に気づいてね」

文鳥に異変が見られたら、病院に連れて行くことを第一に考えましょう。たとえ病名などが分かっても、飼い主が治療をすることは困難だと思ってください。

できれば、一刻も早く受診したいところですが、夜間や休日などに具合が悪いことに気付くケースもあるでしょう。そういうときは、応急処置をして病院が開くまで待つことを考えてください。

体調が悪いときは、体温の維持が体への大きな負担となります。特に、羽を膨らませていたら、体温が下がっているサインですので、ヒヨコ電球などで簡易的な保温室を作ってあげるといいでしょう。

振動や騒音を避けて、安静にすることも大切です。各種の市販薬もありますが、体の小さな文鳥には効き過ぎたり副作用が出たりすることがあり、自己判断での投与は大変危険です。くれぐれも慎重に判断してください。

事前に病院を探しておこう

　近所に文鳥を診てくれる病院があると好都合ですが、実際はなかなか見つからないかもしれません。具合が悪くなってから探すことにならないように、事前にインターネットで調べたり電話をしたりして、確認しておきましょう。

　病院に連れて行く際は、P.84を参考にして、できるだけ負担がかからないように気を遣ってください。移動時間は、極力、短くしたいものです。

　病院では、年齢や飼育状況などを聞かれ、フンの検査をすることもあります。家でしたフンを乾燥しないように持っていくのもよいでしょう。

 ### 異変があったら、すぐに対応を

- ●病院に連れて行くことを第一に考えましょう

- ●体温が下がっている様子が見られたら、保温をしましょう

- ●安静にしてください。他の鳥とも隔離します

- ●自己判断での薬の投与は、くれぐれも慎重に

病院に来たら一安心

「食欲からも体調が分かるよ」

chapter.3
50 文鳥とのお別れのとき

- 文鳥が死んでしまったときの悲しみの深さは計り知れません。手厚く弔ってあげるのが、最後のお世話です。
- ペット霊園などを利用するほか、自宅の庭やプランターなどに埋葬する方法があります。

 ## 文鳥との悲しい別れ

「たくさんの思い出を残そうね」

　家族のように可愛がってきた文鳥が死んでしまったとき、飼い主の悲しみの深さは計り知れないものがあります。前日まで病気の様子はなかったのに、朝起きたらケージの中で死んでいたといったケースも少なくありません。どのような状況にしろ、文鳥との突然の別れにより、いわゆるペットロス症候群に悩まされる人は少なくありません。

 ## 手厚く弔ってあげよう

　しかし、いつまでも悲しんでばかりはいられません。最後に手厚く弔ってあげるのが、たくさんの素敵な思い出を残してくれた文鳥への最後のお世話です。

　ペット霊園では、文鳥の火葬や埋葬をしてくれる場合があるほか、火葬をしてお骨を届けてくれる業者も存在します。そのほか、自宅の庭に埋葬したり、マンションなどの場合はプランターに埋めるなどの方法も考えられます。なお、河原や公園などでの埋葬は法律で禁じられています。

手放さないといけないときは

生活環境が変わるなど、文鳥をどうしても手放さなくてはならないという形での別れもあるかもしれません。繁殖で増え過ぎてしまい飼えなくなることも考えられます。そんなときは、どうすれば文鳥が幸せな生活を送れるかを第一に考えてあげましょう。

「心の中ではずっと一緒だよ！」

知り合いに大切に飼ってくれる人が見つかると良いのですが、それが難しい場合は、小鳥店に引き取ってもらえないかを相談するという方法があります。また、インターネットの里親探しの掲示板などを利用するという手もあるでしょう。ただでさえ飼育環境が変わると、大きなストレスとなりますから、新たな飼い主が見つかったときは、1日の生活の流れやエサの好み、病歴などを詳しく伝えましょう。

もらい手が見つからないからといって、放鳥するのは絶対にいけません。野外に放たれた文鳥は、人に保護されない限り、生存できる可能性はほとんどありません。外敵に襲われ、怖い思いをして最期を迎える文鳥のことを想像するだけでも涙が出てきます。文鳥を飼うときには、万が一の貰い手も考えておくのが一番でしょう。

文鳥って、どんな鳥?

文鳥はインドネシア原産の小鳥で、日本には江戸時代に入ってきました。可愛らしく品のある姿と人懐っこい性格が日本人に愛され、飼い鳥として親しまれてきました。

飼い鳥として浸透

「色々な色の文鳥がいるよ」

文鳥はインドネシア原産の小鳥で、日本には江戸時代初期に入り、明治時代以降、庶民のペットとして定着しました。夏目漱石も『文鳥』という短編小説を発表しています。戦後の手乗り文鳥ブームが一服した後も、今に至るまで一定の人気を保っています。

文鳥の飼育が行われているのは日本だけではなく、ヨーロッパでも一般に親しまれています。そのため、インドネシアでは文鳥の乱獲が行われ、1990年代には壊滅的な状態となってしまい、ついにワシントン条約によって、絶滅の危機があるとして取引の規制対象となりました。

身近な存在の文鳥が、実は世界的には絶滅の危機に瀕していることに、驚かれた人もいるかもしれません。現在、日本に出回っている文鳥の多くは、国内で繁殖されたものなのです。

活動的で順応性が高く、人によく懐く

文鳥の種類はそれほど多くありません。野生種をそのまま飼い鳥化したノーマル文鳥のほか、色素の違いにより、白文鳥、桜文鳥、シナモ

ン文鳥、シルバー文鳥、クリーム文鳥などがいます。

　成鳥の平均的な体長は13〜15センチほどで、体重は25グラム前後。体の割にクチバシが大きく、独特の愛嬌ある表情を生み出しています。活動的で好奇心が強く、順応性も高くて人によく懐くことから、飼い鳥として愛されてきました。

　ヒナから育てることも比較的容易で、成鳥になると見かけよりも、かなり丈夫で

「パリの鳥屋で販売される文鳥」

す。そのように初心者でも飼いやすいところも、文鳥の飼育が普及した理由といえます。

オスとメスはどう見分ける？

　文鳥の雌雄を判別するのは、実はなかなか困難です。決定的なものはなく、比較しながら推測する方法が一般的です。

頭	オスは平ら。メスは丸っこい。
クチバシ	オスは赤く太い。メスは細い。
目	オスは大きく、アーモンド型。メスは丸くて小さい。
アイリング	オスは赤くてくっきり。メスは白くて細い。
声	オスはさえずりをする。メスはさえずりをしない。

　ヒナとなると、もっと見分けるのが難しくなります。比較的、体が大きい、目が大きいヒナがオスである可能性は高いのですが、あくまで傾向です。

文鳥Q&A

Q 視覚や聴覚、嗅覚はどれくらい発達しているのでしょうか。

A 視覚は優れていますが、聴覚や嗅覚はそれほど発達していません。

　一般に鳥類は視覚が発達しており、人間が認識できない色を識別できる鳥が多いとされています。文鳥の視覚も優れており、視野も人間よりずっと広いことが知られています。「鳥目」という言葉があるように、鳥類は夜になると視覚が著しく衰えるとされますが、言われているほど極端に見えないわけではないようです。

　嗅覚や聴覚は、特段、優れているということはありません。

「目はいいんだよ」

「匂いはあまり感じない……」

Q 無農薬野菜を食べさせたいので、ベランダ菜園をしたいと思います。お勧めの野菜を教えてください。

A 豆苗や小松菜などはどうでしょうか。

　文鳥は青菜が大好きですが、鮮度の良い状態のものを毎日少しずつ用意するのは難しいものです。家庭菜園やベラン

ダ菜園で青菜を栽培できれば、そんな悩みも解消します。

　エンドウの若菜である豆苗は、栄養たっぷりな上に、キッチンで手軽に栽培でき、収穫までの時間も短いなどの多くの利点があります。詳しい栽培法は割愛しますが、エンドウマメをプラスチックケースなどに入れて水に浸し、1日1回水を入れ替えます。すると、1、2日で発芽し、季節によりますが、1週間ほどで収穫できます。収穫後、残った根と豆を同じように育てて、2、3回収穫できるというコストパフォーマンスの良さも魅力です。

　他には文鳥が大好きな小松菜も、プランターで簡単に栽培でき、周年収穫ができるため、お勧めします。

「青菜が大好き!」

Q 親鳥に育てられた文鳥は、手乗りにはならないのでしょうか。

A 難しいですが、しだいに仲良くなれることもあります。

　親鳥に育てられるなどして、ヒナのときに人間に親しんだ経験がなく、人慣れしていない鳥を「荒鳥」といいます。飼い主がケージに近づいただけで逃げまとう状態であれば、少し離れた場所から話しかけるなどして根気強く愛情を注ぎましょう。焦って無理やり捕まえようとすると、かえって恐怖心

をあおってしまいますので注意してください。長い時間をかけて仲良くなろうという心構えが必要です。文鳥が慣れた素振りを見せたら、手からエサを食べさせてみましょう。

「愛情をたっぷり注いで」

「気持ちは通じているよ」

Q 肥満気味のようです。何が原因でしょうか。

A 運動不足や栄養過多が主な原因です。

　頻繁に放鳥をしないと、運動不足から肥満になることがあります。ケージから出しても飼い主にまとわり付いてあまり飛ばないという文鳥も、太りやすくなります。

　エサの食べ過ぎも、肥満の原因となります。特に粟穂などの脂肪が多いエサは与え過ぎないようにしましょう。

　肥満は病気につながることもあるため、対策が必要となります。見た目や手に乗せたときの重みからは、なかなか分かりません。定期的に体重計で測定するようにしましょう。

「たくさん与え過ぎないで！」

室内で完全に放し飼いにしても大丈夫でしょうか。

 「文鳥専用」部屋にすることをお勧めします。

　人と同じスペースで生活すると、どうしても危険が付きまといます。ドアを開けた瞬間に外に出てしまったり、調理中に鍋の中に入ろうとしたり、またクッションやシーツなどに隠れていると、気付かずに踏んでしまうおそれもあります。触らせたくないものを片付けるつもりでも、つい置き忘れてしまうことがあるかもしれません。

　室内で放し飼いにしたいのであれば、いっそのこと、余っている部屋を「文鳥専用」の部屋とするのがいいでしょう。危険なものは一切置かず、持ち込まないようにします。また、文鳥が入り込んでしまいそうなスペースは覆っておきましょう。

　それでも、高齢になると飛行能力が落ちてくるため、ケージで飼うことをお勧めします。

 1歳の子どもがいるのですが、文鳥を飼っても問題ないでしょうか。

 基本的には大丈夫ですが、心配なこともあります。

　幼い子どもがいると、ぎゅっと強く握ったり、踏み潰したりしてしまうことがないかと心配になります。文鳥のほうが機敏ですが、偶然、そういう事故が起こらないとも限りませんし、子どもが突いたりかんだりされたら、文鳥が怖い存在となってし

まうかもしれません。ですので、赤ちゃんがいる部屋では、放鳥をしないほうがいいでしょう。

　また、アレルギーを心配する人もいるでしょう。鳥アレルギーというものがあり、空気中に舞い上がった羽や乾燥したフンが体内に入ると、喘息発作などを伴うアレルギー症状を引き起こすことがあります。乳幼児はアレルギーを発症しやすいため、心配な人は飼うのを控えたほうがいいかもしれません。

　また子どもがいる家庭で多いのが、ケージをひっくり返してしまうことです。ケージは、必ず子どもの手の届かない場所に置いてください。

「快適な環境を作ってね」

「放鳥の時間が楽しみ」

Q 放鳥しているとき、床を這っていた小さな虫を食べていました。問題ありませんか。

A **基本的には問題ありません。**
　文鳥は野生下では、幼虫や昆虫も食べる雑食性の鳥です。ですから、基本的には虫を食べても問題はありません。ただ、幼い頃から人にエサを用意されることに慣れていますので、積極的には食べないかもしれません。また飼い主が栄養管理をしていますから、あえて与える必要もないでしょう。

「美味しいごはんを用意してね」

「実は雑食性なんだ」

Q 繁殖で大量にヒナが生まれました。どこかに販売すること
はできますか。

A 小鳥店で買い取ってくれることがあります。

　小鳥店でつがいを購入すると、生まれたヒナを買い取って
くれることがあります。購入時に確認しておくといいでしょう。
値段はまちまちですが、大きな利益が出るということはまずな
いと考えてください。買い取りは、健康であり、異常がない
ことが基本的な条件です。

Q 台湾などで文鳥を使った占いをしていると聞いたことがあり
ます。本当でしょうか。

A 鳥占いという占いがあります。

　文鳥がたくさんのお札の中から、一つを引っ張ってくると
いう占いです。文鳥にしばらくエサを与えずに空腹にさせま
す。そしてお札を引いてきたら、ご褒美にエサを与えるとい
うものです。

　自分で飼っている文鳥でも、教え込めばできるようになるか
もしれません。

「白文鳥は弥富市生まれなんだ」

「ボクといっぱい遊んでね」

Q 愛知県弥富市は、どうして「文鳥の里」といわれているのでしょうか。

A 白文鳥を生み出し、手乗り文鳥の文化を発信したからです。

　弥富市に文鳥が広まったきっかけは、幕末期、尾張藩の武家屋敷に女中奉公していた八重女という女性が、弥富に嫁入りした際、桜文鳥を連れてきたことだといわれています。その後、近隣の農家の間に文鳥飼育が副業として広まり、明治時代に突然変異により白文鳥が誕生しました。さらに改良を重ねた結果、弥富市は日本一の白文鳥の特産地となりました。

　弥富の白文鳥は大変な人気で注文が殺到し、親鳥がヒナを育てるまで待つ時間がなかったため、まだ幼いヒナを出荷することになりました。その結果、人によく慣れた文鳥に育ち、手乗り文鳥として愛されるようになりました。

　生産者の高齢化や後継者不足により、出荷数が減少したことなどから、弥富文鳥組合は2009年に解散しましたが、今も「文鳥の里」として広く知られています。現在、弥富市内の間崎公園では、文鳥の飼育・展示を行っています。

Q 家の中に文鳥が飛び込んできたら、どうすればいいでしょうか。

A 飼い主が見つからなければ、あなたが飼ってあげることが、文鳥にとっての幸せです。

　外に逃げた文鳥が人家に逃げ込んだことをきっかけとして、文鳥を飼い始めたというケースもあります。

　人に飼われていた文鳥は、あまり遠くに飛んでいきませんから、近所で飼育されていた可能性が高いでしょう。近所の人に文鳥が迷い込んだことを伝えれば、人づてに見つかる可能性は高まるかもしれません。しかし、迷子の張り紙がしてあったり、交番に届けられていたりしない限り、飼い主を探すことは困難かもしれません。

　もし、あなたが文鳥を飼育する環境を整えられるのであれば、飼い主が見つからない場合は、飼ってあげることが、文鳥にとっての幸せです。文鳥が屋外で生きていける可能性はほとんどありません。それが難しい場合は、小鳥店やペットショップに引き取ってもらえないかを相談してみるのもいいでしょう。

　文鳥を飼うことになった場合は、文鳥を診てくれる動物病院に連れて行き、病気などがないかを確認すると安心です。

「いつまでも大切にしてね」

「一緒に楽しく暮らそうね」

[監修・イラスト]

汐崎 隼（しおざき・じゅん）

愛知県出身。幼い頃からの漫画家になるという夢を叶えるため、大学卒業後に勤務
した会社を退職して上京。青年誌などで作品を発表し、『文鳥様と私』で知られる漫
画家・今市子さんのアシスタントとなる。自身も幼少期から文鳥をはじめとした小鳥
をこよなく愛し、『鳩胸退屈文鳥』（イーフェニックス刊）など小鳥が登場する作品を
多く発表している。現在、手乗り文鳥（白文鳥・2歳・♂）と手乗りセキセイ（オバー
リンブルー・2歳・♀）を飼育中。
鳥漫画ブログ／「日々のさえずり」http://daily-song.net/
Twitter/@awa_shio20

[編集・執筆・制作]
二宮良太・久保範明・深澤廣和
有限会社インパクト

[デザイン]
有限会社 PUSH

[撮影]
田中昌

[写真協力]
多くの愛鳥家の皆様にご協力をいただきました。
まことにありがとうございました。

もっと知りたい　文鳥のすべて
幸せな飼い方・接し方がわかる本

2020 年 9 月 30 日　第 1 版・第 1 刷発行
2021 年 3 月 10 日　第 1 版・第 2 刷発行

監修者　　汐崎 隼（しおざき　じゅん）
発行者　　株式会社メイツユニバーサルコンテンツ
　　　　　代表者　三渡　治
　　　　　〒102-0093 東京都千代田区平河町一丁目1-8
印　刷　　三松堂株式会社

◎「メイツ出版」は当社の商標です。

ご意見・ご感想はホームページから承っております。
ウェブサイト　https://www.mates-publishing.co.jp/

編集長：折居かおる　　副編集長：堀明研斗　　企画担当：折居かおる

※本書は 2015 年発行の『もっと知りたい　文鳥のこと。HAPPY ブンチョウ生活のすすめ』
　を元に加筆・修正を行っています。